快速记忆

摆脱死记硬背，实现高效学习

卢龙斌　卢红莲◎著

中国纺织出版社有限公司

内 容 提 要

高效记忆力对学习效率的提升是显而易见的，好记忆伴随好成绩，记忆力好，记得快，记得牢；想象力更丰富，创造力更突出，学习更轻松愉快。本书从如何学习快速记忆法讲起，介绍了记忆宫殿、快速阅读、思维导图以及综合应用，并结合生活细节及各个学科的具体知识点应用，帮助读者快速学习方法，掌握方法，运用方法，快速提高记忆力和应用能力。同时，本书还介绍了记忆力法的进阶提升，指导有兴趣的读者成为世界记忆大师。

图书在版编目（CIP）数据

快速记忆：摆脱死记硬背，实现高效学习 / 卢龙斌，卢红莲著. --北京：中国纺织出版社有限公司，2021.6
ISBN 978-7-5180-8495-1

Ⅰ. ①快… Ⅱ. ①卢… ②卢… Ⅲ. ①记忆术 Ⅳ. ①B842.3

中国版本图书馆CIP数据核字（2021）第074810号

责任编辑：郝珊珊　　责任校对：寇晨晨　　责任印制：储志伟

中国纺织出版社有限公司出版发行
地址：北京市朝阳区百子湾东里A407号楼　邮政编码：100124
销售电话：010—67004422　传真：010—87155801
http://www.c-textilep.com
中国纺织出版社天猫旗舰店
官方微博http://weibo.com/2119887771
天津千鹤文化传播有限公司　各地新华书店经销
2021年6月第1版第1次印刷
开本：710×1000　1/16　印张：12
字数：178千字　定价：49.80元

凡购本书，如有缺页、倒页、脱页，由本社图书营销中心调换

前言

打起游戏精神百倍，看起书来时刻想睡！这问题怎么解决？有没有可能让学习跟看电影、玩游戏一样轻松简单？还能有趣更有效？

比如大家都知道“战国七雄”，这“战国七雄”的灭亡顺序是怎么样的？

大家经常听说“五湖四海”，那大家知道这“五湖”是指哪五湖？“四海”又是哪四海呢？

战国七雄灭亡顺序：韩、赵、魏、楚、燕、齐、秦。

五湖：洪泽湖、鄱阳湖、洞庭湖、太湖、巢湖。

四海：东海、南海、渤海、黄海。

类似这样需要记忆的内容特别多，而且都是抽象的词语，需要全部一次性记忆，如果死记硬背就很困难，并且很没意思。

其实，只需要一句话就可以快速将这些知识记忆下来。

比如“战国七雄灭亡顺序：韩、赵、魏、楚、燕、齐、秦。”

直接谐音串联：喊赵薇出演齐秦。

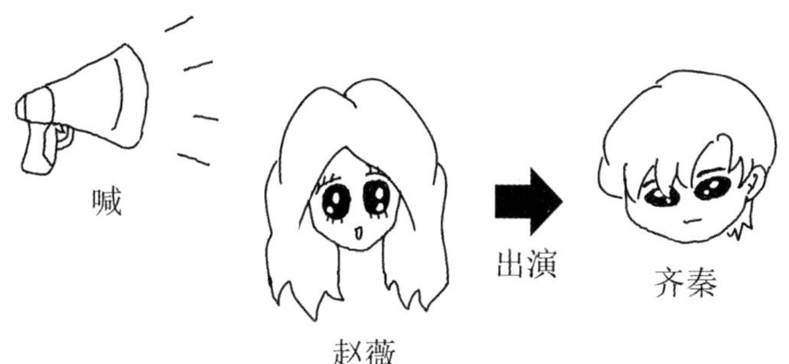

想象战国七雄都喊赵薇出演齐秦。

每个字对应的国家：

喊—韩，赵—赵，薇—魏，出—楚，演—燕，齐—齐，秦—秦。

怎么样，是不是瞬间就记住了？这种方法特别简单易用。

又如“五湖：洪泽湖、鄱阳湖、洞庭湖、太湖、巢湖。”我们把每一个词语的字头提炼出来，就是：洪、鄱、洞、太、巢。

接着进行串联记忆：洪鄱洞太巢。

这样五个词语精简成了5个字，记忆量就小了很多，也容易得多。只是这样的串联不够形象生动，我们还可以进行联想转换，将其转换成为一个故事或者形象生动的画面，在脑海呈现，就像创作一部电影、小短片一样，深深地印在脑海里面。

谐音转换：洪波洞太潮。

想象五湖的洪波涌进洞里，导致洞里太潮湿。

回忆每个字头对应每个词语：

洪—洪泽湖，波—鄱阳湖，洞—洞庭湖，太—太湖，潮—巢湖。

这样记忆是不是特别简单？

另外“四海”的记忆方式就交给读者学以致用了，运用同样的方法轻松记忆。（本书的内容，大部分都是举例讲解，然后留相关内容给读者现学现用，快速掌握。）

很多人梦想能够“过目不忘”甚至“过耳成诵”，当然也仅限于“梦”或“想”，没有几个人去追逐这种可能。然而就是有那么少数的几个人，在追逐中，近乎实现了这个梦想，他们参与各种国际脑力赛事，登陆江苏卫视《最强大脑》、央视《挑战不可能》等各大卫视专场节目，展示惊人的记忆力水平。

13秒记住一副打乱的扑克牌；

5分钟牢记616个无规律数字；

10分钟记忆68个英语单词；

15分钟记忆335个随机词汇；

1小时记住4620个数字或者2530张扑克牌；

只听一遍准确记住547个随机数字（每秒听记1个）。

这些惊人的成绩都被记录在吉尼斯世界纪录中，而且还在不断超越着人类大脑的极限，这些人到底是天赋异禀，还是后天找到了某种方法蜕变？

很多人都觉得记忆力是天生的，那些记忆高手也必然是天赋使然！事实到底如何？

真实情况就是：他们无一例外，全部是后天通过科学系统的方法，加以正确的训练方案，日积月累训练出来的。而且越来越多和他们一样的记忆高手不断涌现！

他们是来自各行各业的普通人！有在校的中小学生、大学生，有IT男，有宝爸宝妈，甚至工厂的流水线工人和路边的环卫工人，他们无不在改变命运，书写传奇！

这个记忆训练系统正日渐完善，批量地造就了一批又一批的世界记忆大师和顶尖记忆高手！他们都在普及推广这项训练系统，并且落地应用到学科考试当中，帮助无数学生去实现那个梦想："过目不忘"和"过耳成诵"！

现在，恭喜你，打开这本书，推开实现梦想的大门。所谓"师父领进门，修行在个人"，接下来就看你的努力了！

整个学习系统，从快速阅读入手，先提升阅读速度和阅读效率，也可以快速通读本书，了解整本书的系统内容，在大脑形成系统的知识体系。

接着学习快速记忆方法，系统掌握各类知识点、考点的快速记忆方法，不仅能够快速阅读，而且能够快速记忆，记住关键内容，真正提高学习效率。

然后是思维导图系统，通过把相关内容绘制成一张图，快速概括归纳知识点、考点。加上发散思维和延伸思维的练习，提升思维能力和考试应用能力。

最后就是对整个应用系统的综合应用。应用快速阅读方法提升阅读效率，运用快速记忆方法提升记忆效率，然后通过思维导图系统地梳理，条理清晰，深度理解和归纳学习内容，真正能够学以致用，应用到考试中，同时内化为自身的能力。

所有方法的讲解，从点到面，由浅入深，并配套有练习给读者学以致用，训练提升，最后进行总结。这样一整套完整的从学习到练习到总结改进的系统训练，真正帮助大家学以致用，用以助学，提升记忆，提升系统应用能力。

预祝各位读者能够真正掌握方法，轻松记忆学习，实现“过目不忘”的梦想。

特别声明

*本书部分图片和资料来源网络，少数注明出处，有些无法准确考查原创作者，如果涉及版权，请及时与我们联系，QQ：276599680。感谢原创作者的精彩作品。

*书中所有彩插请关注公众号“世界脑运会”，在对话框发送“彩插”获取。

目录

第一章　改变命运的一堂课

第一节　天才班里的废材

“又转校了，唉！”心慧叹口气又来到了一个新校区。没办法，她的妈妈受“孟母三迁”的影响，不惜代价，给心慧换了一个又一个他们认为是更好的学校。走进这所富丽堂皇的魅力校园，一到班里就看到大家口口相传的“别人家的孩子”：校长的儿子，气宇轩昂的班长。都说闻名不如见面，但是这个却是例外。近距离见识了之后，心慧心里十分羡慕嫉妒恨啊！这人明明靠脸可以吃饭，靠才华也可以吃饭，靠爹还是可以吃饭……对比一下自己这张安全系数极高的脸，在这个“看脸”的世界，恐怕是没有出头之日了。如今也只有好好学习了！

虽然学习动力很强，也拼命努力。然而就像你手里紧紧握着一把沙子，越用力却流失越快。脑袋里十万个为什么！为什么？越努力反而效果越差，记了又忘，忘了又记，再记再忘！如此反复，恶性循环，苦不堪言。心慧内心无比挣扎，她明白父母的用心良苦，然而对比那些天之骄子，一个个天才般的存在带给她的更多的是一个个无情的打击。

是的，上课一开始，特级教师讲的每句话她都能听懂，然而把它们连成一段内容，她根本无法理解。到底讲的什么！她完全不知道啊！在云里雾里的状态下，看着老师那聪明绝顶的脑袋，自带光芒，却无法照亮她灰暗的心，这让她倍感悲伤！关键是上课还自带催眠效果，在“老牌催眠药”的强烈药效之下，她渐入佳境，开启睡眠模式！

“谁说的努力就有好结果，谁说的学海无涯苦作舟，我这是苦做粥啊！还天天吃，天天吃……神啊！救救我吧！我不想当吃货，我要当学霸。”心慧向着老天哭诉。突然，一脸慈祥的神出现了，轻轻拍着她的肩膀说：“对不起，你的配置太低，无法启用该功能。”

她一个惊醒，举头望“明月”，映入眼帘的正是那光滑的大脑，低头思“梦乡”，想想梦里那神，岂不是……然后老师很温馨地给她留下一句话：“此刻睡觉的口水将变成明天考试后流下的泪水。”当然，老师除了在心灵上给予谆谆告诫，还不忘让学生在行为上有所改变，所以她就很荣幸地被老师邀请起来，和他一起站着上课。

终于熬到了下课，班长过来了，她一脸羞愧红着脸，又忐忑不安。只听班长语重心长地说：“我们这班都必须是天才，不允许废材的存在”。她一听，又是同样的一幕，她已经被打击了无数次，刚想发作，没想到班长继续说道：“所以同学你不只要努力，更要找对方法，这本书送给你。”一看书名——《快速记忆：摆脱死记硬背，实现高效学习》，她瞬间明白了，一股暖流上来，脸更红了，赶紧改口说：“谢谢你，班长。”“这没什么，这本书能够帮你快速记忆，提高学习效率，如果你能够跟着作者学习，成为天才也是小菜一碟，你看你后面那几个，原来也都是废柴，通过7天集训从学渣变成学霸，像我之前不知道怎么继续提升，也是在卢老师那里终于能够更上一层楼。”班长说完，还递给了她一张入场券：“世界脑运会、联合创始人、卢龙斌，高效学习公开课。成为天才只在一念之间”。

心慧一脸迷茫，成为天才只在一念之间，看起来那么简单，但又那么困难，到底是哪一念？

扫码看作者的短片介绍

怀着强烈的好奇心，她回到家，给她妈妈说了要去听公开课，妈妈立刻百度了一下“卢龙斌”，除了百度百科介绍，还有海内外媒体的各种报道，登陆央视和十多个电视节目分享记忆法，联合发起了世界脑运会，还是《华夏星风采》电视栏目的总顾问、总监，打造了多位名师和无数明星学员。

如此强大的名师，难得被孩子遇到了，必须去。

缘啊！妙不可言！

第二节　改变命运的公开课

怀着满满的好奇心和景仰之情，两人早早来到了公开课现场，坐在了后排中间。现场很多人，讲座还没有开始，屏幕上播放着这对记忆大师夫妻在辽宁卫视的节目：现场快速记忆3个饺子后，将其混进100个里面，他们很快都找了出来。这是如何做到的，简直是过目不忘啊！

终于等到主持人请出两位大师，在简单的互动后，卢龙斌开始问："大家感觉记忆什么是最难的？"有人说是背课文，有人说背单词，有个小孩说只要记忆的什么都难！

"大家觉得记忆数字难不难？" "太难了……"现场一片感慨。

"测试一下大家的记忆力如何？听好了，我会报20个数字，2，6，3，5，9，8，2，5，1，7，6，3，9，0，1，3，6，7，1，8。"卢龙斌大概一秒钟一个数字报了20个，然后问道，"记住5个的举手，记住7个的举手，全部记住的举手。大家发现没有，记住7个以上的就非常少了，这个就是记忆的魔力之七。大家都看过我们在天津卫视展示的数字和扑克牌记忆，你们想现场再体验一下还是想多点时间听我们的分享？"

"现场体验！"大家纷纷大声呼叫。

"大家都看过我们在电视上记忆数字和扑克牌，还有饺子，相信你们一定想看看对学习是否有帮助，大家觉得记忆单词难吗？"

"很难。"

“不难。”

“觉得不难的，来记忆一下这个单词：hippopotomonstrosesquippedaliophobia。”台下 一阵长长的“啊”“哦”“我晕”的感慨。

“这是个名词，它的意思大家一定会铭记于心，它就叫长单词恐惧症。一共36个字母。”

“你们觉得这个单词死记硬背要多久？”

有人说一小时，还有说三五天的，有人直接来一万年，更可爱的是一个小孩子拍桌而起说“谁傻到去死记硬背啊”，老师问道：“太好了，你有什么好方法。”却不想他接着说：“老师，我死也不背。”

一阵哄堂大笑。

“好吧，我们看看我们的老师能否背下来，大家肯定觉得老师早都背过了，一定可以做到，所以我们现场收集60个字母，每个人报2个，一定要是随机无规律的，不要一个ab，后面cd接着ef。”

“好，我们现在开始，你来一个，p，f……”

很快60个字母收集完成，一个个打在了屏幕上面，然后卢红莲上台对着屏幕看了几十秒就转身说记好了。

“哇。”现场一片惊叹。心慧心想有这么快吗？怎么可能，自己连前面10个都没有记完整呢。总是记了又忘，忘了又记，丢三落四的感觉，当场已经死掉了N个脑细胞。

“好，现在我们开始见证……”不等心慧多想，只见卢红莲就开始背p，f……”，非常流畅。背到一半，只见卢龙斌说这个背得太快了，是不是太简单了，我们是否该换个方式，倒背如何？卢红莲撇了一下嘴说：“有坑爹的，还有坑老婆的，好吧！我试一下……”

真的是倒背如流，现场掌声不断，心慧也非常兴奋地鼓掌，这是刘琳这段时间第一次看到孩子这么热情洋溢的样子。

“除了倒背如流，你们觉得还能怎么样？对，就是任意点背。”“你坑老婆就算了，还继续挖呀。好吧，我不入地狱谁入地狱。” 只见观众任意问第几行第几个字母，卢红莲都能够快速回答。

心慧心里十分惊讶，惊讶之余，更是佩服得五体投地。想想要是自己也有这样的超能力该多好啊，学习起来会有多轻松……

有句话叫心想事成，说好听点是愿望，俗一点不就是白日做梦嘛，但是在心慧这里却梦想成真了。

“大家觉得卢红莲记得好不好？”

“好！”

“快不快？”

“快！”

“你们想不想学？”

“想！”

“想要的第一时间冲上台来，我们给2个免费的名额跟卢红莲老师一起密训，然后你们可以和她一样展示，赶快，先到先得。”

话音刚落就看到一个小男孩飞奔上去。

“非常棒，你是第一名优先录取。机会是靠自己争取的，第一名总是占有最多最好的资源，后面就需要运气了。” 心慧犹豫了一下，还是上台了。

“现场还有8位同学，这让我很为难啊，我们只要2个，你们分成两队分别石头剪刀布吧！”

“石头剪刀布，好，现在输的站一排，赢的站一排。”

只见输的同学有点沮丧，赢的同学非常兴奋，然后卢龙斌问输的同学：“你们想留下来吗？”

“想。”有个同学抢先回答。

“恭喜你被录取了，你回答很快，说明你的欲望很强，强烈的求知欲是学习的关键，谁说输的就是输呢？只要你一定要，你就一定能。而且我们还没有说明游戏规则是赢的留下，还是输的留下呢。”

“好的，现在我们两个名额满了，其他同学，不好意思了。”心慧感觉一个晴天霹雳，刚才还以为赢了就有机会，没想到就这样下去了，她很不甘心。

几个同学都下去了，但是心慧还留在台上。“你怎么不和其他同学一起下去？”

“我也想去学习。”心慧低头说。“恭喜你，你也被录取了，机会是给敢于争取的人的。规则是人定的，不是说两个就一定只有两个，我们要敢于打破常规。你好像缺少一点自信，以后要抬起头来。”

心慧抬起头，心里顿时转阴为晴，豁然开朗。“好的，你们三个人跟老师去密训吧。”

卢红莲正准备带学生离开，这时候，一个同学返身上台说：“我也要去学习。”

“不好意思，你已经下台了，就像考场上面交了试卷离开考场，就没有机会回去继续作答了。所以同学们考试的时候一定不要留空白，要作答到最后一刻。”

“可是老师，我没有离开考场，而且也没有试卷嘛。”这个叫刘际平的小学生对答如流。

“你很聪明，简直是雄辩啊！好，你赢了，跟老师一起去学习吧。所以敢于争取机会，还要有能力去争取，善于表达非常重要。我们不能只闷头苦读，那样会成为书呆子。其他没有去密训的也不要遗憾，要知道，得不到想要的意味着即将得到更好的，保持乐观积极向上，而且你们的机会更好，因为接下来是卢红莲老师的老师，就是我来教你们，你们说好不好？”

“好。”大家开心地笑答。“开始前，先给大家30秒试一试记忆12个词汇。”

大树、鸭子、耳朵、汽车、钩子、勺子、拐杖、葫芦、狗、棒球、筷子、婴儿。

只见大家念念有词。

“时间到。”刘琳回忆起来发现只记得前面6个，后面的都没有来得及看一眼。

“大家是不是发现词汇好记一点，但也就是六七个的水平，记忆的魔力之七无处不在啊。接下来我们带大家看一遍就把它记住。”

第三节　记忆原来可以这么简单

随着屏幕PPT一页页图像翻下去。

1像大树，2像鸭子，3像耳朵，4是四个轮子的汽车，5像钩子，6像勺子，7像拐杖，8像葫芦，9谐音狗，10像棒球，11像筷子，12像婴儿。

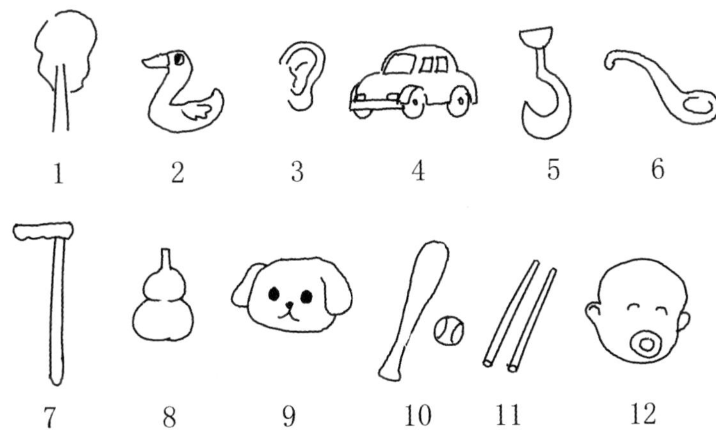

"好，大家发现这是不是有点像小时候学数字的感觉，这种方法我们很早就开始应用，而且取得了很好的效果，来，大家一起背一遍。"

只见所有观众全部都非常流畅地背完了。

"其实这个就是我们记忆大师最基础的数字编码，那么学习了数字编码有什么作用呢？接下来我们就可以使用数字定桩法带大家记忆三十六计，定桩法有个神秘的大名叫'记忆宫殿'，数字定桩也是其中的一种。"

1——瞒天过海　大树遮天蔽日，你躲在下面瞒着天偷渡过海

2——围魏救赵　一大群鸭子围着魏国救赵国公主

3——借刀杀人　从旁人的耳朵后面借出刀去杀人

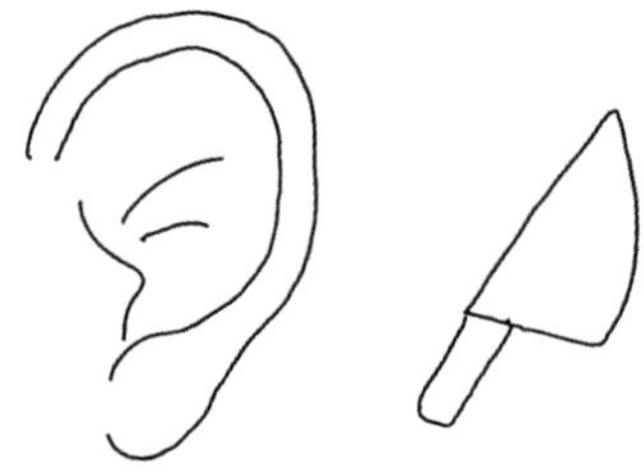

4——以逸待劳　赛跑的时候你开车很快到终点，安逸地等待劳累跑步的人

5——趁火打劫　你拿上钩子趁着珠宝店着火了去打劫

6——声东击西　你拿着勺子敲冬瓜，冬瓜弹起来击打到西瓜

7——无中生有　魔术师拿起拐杖无端飞出鸽子，所以是无中生有

8——暗渡陈仓　你坐着葫芦在暗夜中渡过了陈家仓库

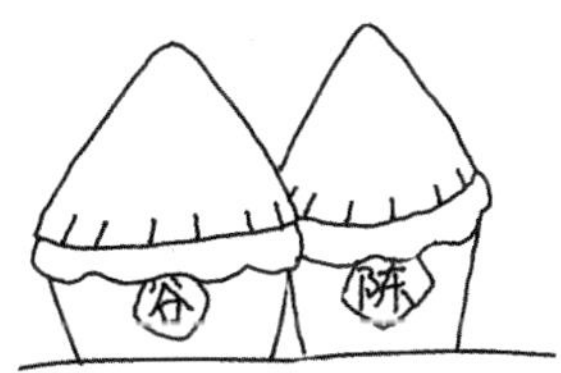

9——隔岸观火　狗隔着岸边观赏对面的大火

10——笑里藏刀　你拿起棒球贼笑一下藏进一把刀

11——李代桃僵　你拿筷子夹李子还要带上桃子，手都僵了

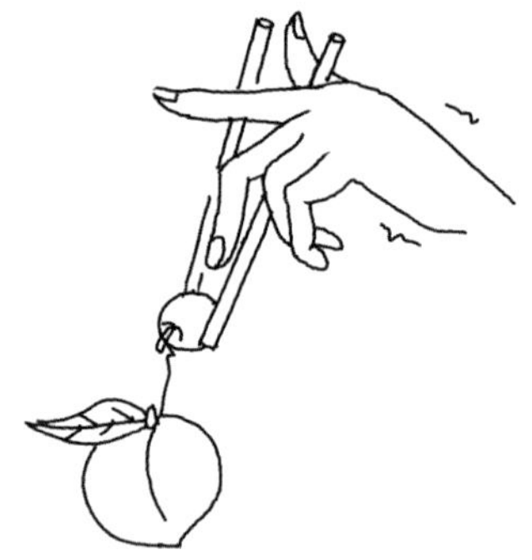

12——顺手牵羊　婴儿顺手牵了只羊

“今天由于时间关系，我们先讲这12计，后面的24计，也是类似的记忆方式，留给大家回去当作业自己记忆。”

13——打草惊蛇　　14——借尸还魂

15——调虎离山　　16——欲擒故纵

17——抛砖引玉　　18——擒贼擒王

19——釜底抽薪　　20——浑水摸鱼

21——金蝉脱壳	22——关门捉贼
23——远交近攻	24——借道伐虢
25——偷梁换柱	26——指桑骂槐
27——假痴不癫	28——上屋抽梯
29——树上开花	30——反客为主
31——美人计	32——空城计
33——反间计	34——苦肉计
35——连环计	36——走为上

“现在检测一下，看看大家是不是也能够过目不忘了！现在我们请一位小朋友上来背一下，谁敢自告奋勇赶快上来。”

只见前面一个小孩快步走上台来。卢龙斌问道：“你叫什么名字？几岁了？”小孩答道：“吴好妃，12岁。”

“我相信你一定能顺背，所以我想让你挑战一下倒背，看看你是不是也可以倒背如流。”

“这个？我不行啊。”吴好妃显然没有准备倒背，不敢接受。

“没事，你试一下，不论对错，你有勇气站上台就已经比别人更胜一筹了，而且你不尝试又怎么知道自己行不行，要相信一切皆有可能。”

“好，我试一下，第12计顺手牵羊，第11计李代桃僵……”刚背完，观众掌声四起。

“真是太棒了，是不是发现自己也是可以的？只要用对了方法，是不是容易很多，而且好玩？再来试一下任意点背，第8计？”

“暗渡陈仓。”

“第5计？”

“趁火打劫。”

“太厉害了，你竟然能够顺便倒背，还能任意点背，没几分钟就和记忆大师一个水平了，大家给他掌声鼓励。”

……

（36计的1~12 和 13~24请扫描下列二维码观看视频讲解）

"为什么大家能够这么轻易就做到任意点背和倒背如流呢？我们来看下获得诺贝尔奖的左右脑分工理论。

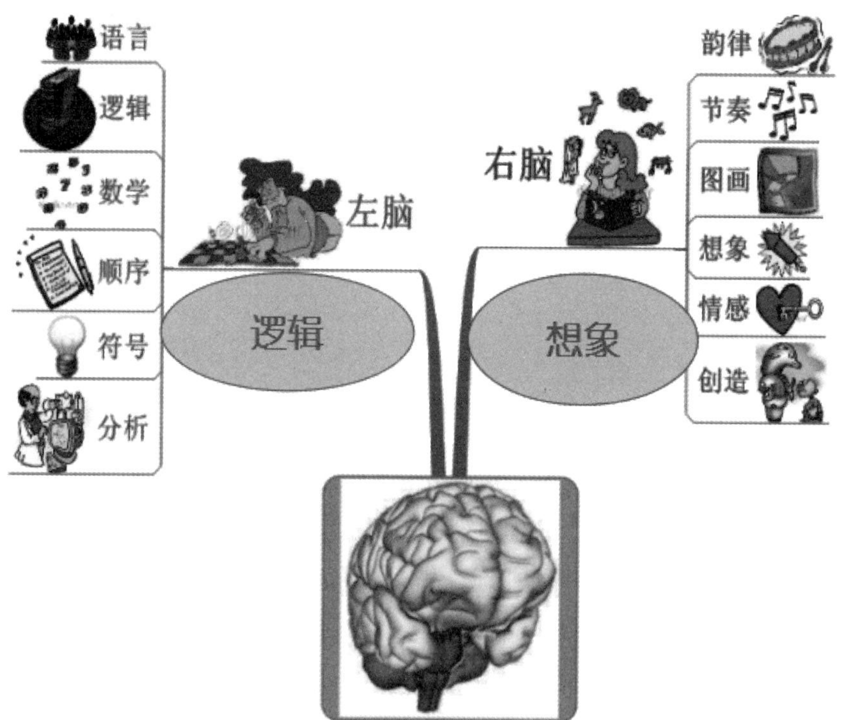

"我们对36计的记忆运用到了左脑的语言、逻辑、数学、顺序等，更主要的是运用了百万倍潜能的右脑的图画、想象、创造，还带入了情感，把枯燥无味的文字变成生动有趣的画面和场景，也就是左右脑并用帮助我们大大提高了记忆效率和效果。

“就像单脚跳和双脚跑哪个更快，可想而知。所以我们要学会运用全脑记忆，提高学习效率。接下来我们看看全脑卓胜脑力在学科中的应用。”

第四节　学习还能这么好玩

（为便于读者整体把握，以下省去对话讲解过程）

历史学科

（1）郑成功收复台湾是哪一年？

1662年。

卓胜脑力：成功去台湾就一溜溜儿的事。

1662谐音：一溜溜儿。

（2）太平天国洪秀全发动金田起义的时间是1851年1月11日。

卓胜脑力：你想洪秀全敢在金田秀拳肯定是有一把武艺。

1851谐音：一把武艺。1851其中有2个1，加上1月11日共5个1，所以一把武艺就全部记完了。

（3）1900年侵华的八国联军是哪八国？

俄德法美日奥意英。

卓胜脑力：饿的话每日熬一鹰。

地理学科

中国的四个高原按面积从大到小分别为：青藏高原、内蒙古高原、黄土高原、云贵高原。

卓胜脑力：想象你爬上青藏高原，走进蒙古包，坐到了黄土上的圆规（谐音：云贵）。

生物学科

人体必需的八种氨基酸是：苏氨酸，甲硫氨酸，赖氨酸，异亮氨酸，苯丙氨酸，色氨酸，亮氨酸，缬氨酸。

卓胜脑力：化繁为简首字串联：输家来一本色亮鞋。

政治学科

市场经济的基本特征：平等性、竞争性、法制性、开放性。

卓胜脑力：首字串联：平静花开。（想象市场上很平静，花就开了）

物理学科

（1）电功 $W=UIt$

卓胜脑力：大不了，又挨踢。

（2）阿基米德原理公式：$F_{浮}=G_{排}=P_{液}gV_{排}$

卓胜脑力：肉鸡位，想象肉鸡占了个车位。

化学学科

化学金属活动性排序：钾钙钠镁铝，锌铁锡铅氢，铜汞银铂金。

卓胜脑力：嫁给那美女，身体细纤轻，统共一百金。

英语单词

（1）chance [tʃɑ:ns] 机会

记忆法：chan是铲的拼音，ce是厕的拼音，读音像“尘世”。

串联记忆：我来这尘世只得到一个铲厕所的机会。

（2）damage　[ˈdæmɪdʒ]　损害

记忆法：dama大妈，ge歌，读音像“带你去”。

串联记忆：大妈带你去唱歌损害了嘴。

特别注意：这里读音谐音只是一个提示，不到万不得已，确实无法记住发音的才需要把读音也进行谐音转换，转换前也一定要多读几遍保证发音准确。

这些举例只是记忆法中非常小的一部分，连记忆宫殿都没有涉及，虽然只是最基础的谐音想象联想，但是你真正去用了就会发现记忆法非常简单好玩，确实能够记得快、记得牢，那么你就可以有更多时间去理解和运用，同样的时间可以学习更多内容，进步更快。

这会儿，之前密训的孩子回来了。

“好的，接下来我们让孩子们来表演一下，看看经过短暂密训后的孩子是不是也可以挑战最强大脑？”

“首先挑战单词和词汇。”

key	月亮	球儿	锣鼓	coral
芭蕉	balloon	扇儿	sofa	石榴
river	石山	沙发	fan	气球
五环	bully	巴士	药酒	蜥蜴
漏斗	triangle	救生圈	parrot	棒球

只见几个小孩都能够正背倒背，还能让观众任意点背。

“实在是士别半日，当刮目相看啊。你们还有什么展示吗？”

“有，我们还能背圆周率50位。”孩子们个个都非常欣喜。3. 1415926535 8979323846 2643383279 5028841971 6939937510。

只见他们很快就背完了。台下掌声雷鸣。

“你们太厉害了，回去考考你们老师，看看他们能背圆周率多少位，然后你们去当老师教教他们怎么样？”

“今天是不是非常有成就感，你们也可以挑战最强大脑了，在那么短时间内就记住那么多词汇、单词和数字，这样的记忆法你们觉得好玩吗？”

“好玩。”

“接下来想要和我们一起学习吗？”

“想。”

好，接下来就开始我们的神奇之旅。

……

第二章　卓胜脑力精华课

第一节　课前说明：如何学习超级记忆

终于等到了要开课的前一天，心慧经常做梦都在想着和记忆大师一起上课的情景，学完后成绩一跃登顶，诗词单词过目不忘，想想同学和老师们感慨和惊叹的表情……那个酷啊！

由于课程是7天的集训营，卢龙斌在他们老家福建漳州开班，所以需要提前一天从安徽出发，心慧早早就准备好所需物品。来到漳州平和，一望无际都是绿油油的蜜柚树，上面还有无数个沉甸甸的蜜柚果，黄里透红非常好看。培训基地也就在这绿树环绕里面，仿佛世外桃源。当然，大饱口福是肯定的了，新鲜采摘的柚子早已在大厅里面摆好迎接贵客，剥开那金黄色的外衣，里面竟然是红色的鲜肉，迫不及待地咬上去，酸甜可口，消去一路上的疲惫。

在稍事休息之后，他们就开始准备第二天的正式课程。

正式课堂开始，终于能够获得大师的亲自指导，大家都显得特别兴奋。心慧来到教室，已经看到老师和几个同学正在里面谈笑风生。八点半的时候，卢龙斌老师开始讲解如何学习超级记忆法，并对大家提出了几点要求：

1.利用任何可能的时间，进行大量的练习

由于超级记忆法所传授的方法绝大多数都是要在所要记忆的内容之间进行联想，所以要求学员除了完成课程内容外，要在短时间内抓紧一切时间进行联想的训练。比如，利用上下学、上下班、乘车、走路等时间将所看、所想到的事物进行一对一的基础性训练，或者直接运用数字编码分别进行一对一想象

（方法见后面的具体章节），只有不断地强化训练才能够做到真正的出色。超级记忆法很简单，把简单做到极致，你就是大师。打乒乓球很简单，打羽毛球很简单，游泳很简单，跑步也很简单，但是每一项简单做到极致，就成了大师，成了世界冠军，打破了世界纪录，历史将铭记你的这一刻，全球都为你骄傲。

2.直面困难，不断训练

只懂得方法却不知道训练的方法，就像游泳教练只跟你说应该如何如何去游，但是你不下水去练习，是没有用的，而且就算下水练习了也要长期坚持，否则也不能游得很好。所以学习本教程，请配合21天训练材料一起训练，当你取得了一个又一个胜利的时候，自信就会重新回到你的身边，并且会激励你一直努力下去。

时刻铭记：超级记忆法没有失败，只有放弃！

3.学以致用，不断优化

当你学习了超级记忆法的原理以后，要马上应用于实际。在学习、生活中有意识地运用超级记忆法所传授的方法记忆各种问题，通过一个个小小的成功与喜悦的积累，使超级记忆法在你的生活中扎根。

4.向别人展示你的成绩

经过超级记忆法的学习，你的记忆力会有很大程度的提高，能够一次性快速记忆几十上百项内容，有了这样的超常能力完全可以出去表演了！根据哈佛大学的研究证明，向别人分享和展示的次数越多，你的信心就越强，能力提升也会越快！当然，展示绝对不是为了炫耀，而是为了更好地提升自我，特别是提升自己的心理素质，是金子总会发光，但是发光的前提是你要主动地发出光来照耀别人，不然没有人能够发现和感受这份光明。喜悦与大家分享，成功在快乐中建树！

5.不断激励自己，进行自我暗示

信念决定并塑造了一个人的行为、情感和态度。当你“相信”一个观念的时候，你会认为某个事物、某个现象在你看来是“真理”，并对它深信不疑。

一个人的消极信念所扮演的角色就像是笼子一样限制和决定着你的行为模式。实践证实，积极的自我暗示是成功的促进剂，经常进行自我成功激励能培养积极、坚定的自信心，能克服一切困难与险阻，顺利到达成功的彼岸。大家可反复阅读下面的激励话语并让它们成为自己的信念：

我坚信超级记忆法会让我受益终身！我坚信我能掌握超级记忆法！

困难越大，荣耀越高！

我要做别人不敢做、做不到的事情！

如果得不到想要的，那我即将得到更好的！所有事情发生必有其原因，必将有利于我！

或者自己编写激励话语贴在床头，每天晨起看到它就会全力以赴地实现心中的梦想。

其实，成功并非遥不可及，选定目标，锲而不舍，成功就会在过程中唾手可得！

第二节　认识你我——人名头像爆笑记忆

课前导入后，卢龙斌组织大家就座后说道：“大家今天基本都是第一次见面，所以彼此都不相识，接下来7天要一起学习，成为同学同桌，也可能成为战友，还有可能成为竞争对手，因此认识一下彼此很重要。接下来每个人上台来自我介绍，无法让别人记住是你的问题，你记不住别人，也是自己的问题！现在进行分组，每个小组6个人，分成5组，你们内部选一个作为组长。组长负责统筹和协助组员的学习，要带小组团结互助，争取获得更多的金币奖励，每天课程结束后统计金币，按金币数量进行排名奖励和处罚。”我们进行组内合作、组别竞争，力求激发大家更多的智慧火花，记得更快更多，学得好，用得更好。学以致用，用以助学，是我们卓胜脑力的追求。

“首先从第一小组开始，每组按照顺时针顺序，那就从你开始吧。”卢龙斌指着一个稍微有点胖的小伙子说道。

“大家好，我叫陈飞宇，目前经营着一家商场，希望日子越来越好，所以取名：日日好商场。商场位于沿海的广东省湛江市廉江市吉水镇，欢迎大家有空来玩。大家发现我们这地区的名字都和水有关，所以记忆很简单，我视觉上横向发展比较好，说好听点是心宽体胖嘛， 所以飞宇谐音肥鱼，是很肥的鱼但是可以飞上宇宙，所以叫飞宇，陈谐音趁， 湛江谐音站江，就是站在江里，吉水镇谐音击水，把所有信息串联起来记忆， 可以想象我趁着肥鱼站在江里，一个击水把它抓回商场，日子越来越好。”

“哈哈，这个想象串联得特别好，把名字、地址和经营的商场都放进去了，而且非常精简，画面感极强，特别好记，以后我们可以去湛江抓鱼然后到他们商场卖去。”卢龙斌笑着讲完示意下一个。

“我叫周荣鑫，来自福建龙岩，毕业于集美大学，通信工程专业，在上海工作，从事IT互联网领域的售前技术支持。我喜欢爬山、打篮球、踢足球等运动，还喜欢唱歌、旅游和看书。我的座右铭是：每一个不曾起舞的日子都是对生命的辜负！最大的梦想是创办学校，教书育人。也会参加今年的世界脑力锦标赛，希望能够和大家共同进步。我的名字其实也好记，周谐音喝粥的粥，荣鑫谐音荣幸，所以大家看到我戴着眼镜就可以想象我坐着喝粥很荣幸的样子，就记住了。”周荣鑫有条不紊地讲完后看着老师，好像感觉不是太好，希望老师给做点补充。

“大家要是觉得喝粥很荣幸不够形象，我友情提供一个有趣点的画面，你们想象这个高度近视的周荣鑫同学拿起一碗粥，没送到嘴边，反而倒到眼镜上去了，有点不幸，但是你们很荣幸看到了他这么搞笑的样子，哈哈哈，都是高度近视惹的祸。”卢龙斌大笑着说。

周荣鑫也配合地做了个倒粥到眼镜上的动作，笑倒了一片。

“大家好，我是吴海涛，我的年纪相对大点，所以没有那么生动的想象，借点明星光环，湖南卫视著名主持人杜海涛，我没他那么有才，所以叫吴海涛，我来自内蒙古巴彦淖尔市，现从事文化传媒工作，我爱好看书、打羽毛球和户外运动。但其实我的梦想是当一名人民教师，因为我对小朋友的教育还是很有耐心的，也喜欢去研究怎样因材施教，通过游戏或教具去发挥每一个小朋友的特长和天赋。”

“期待你的梦想成为现实，学完本期课程，希望有机会你能回去实践，帮助更多的孩子。我看他比较强壮，没有杜海涛的大肚子，所以叫吴海涛，记忆人名头像除了使用谐音拆分联想，经常用到的就是应用熟悉人物来帮助记忆。吴海涛给大家提供了一个好方法。好，接下来，下一个。”

“我叫夏子凌，我眼睛虽然小但不是瞎子，”他起身面对大家介绍着，“而且我还很机灵。”他还做出贼眉鼠眼的样子，惹得大家哄堂大笑，“所以以后你们看到我的小眼睛，就记得我叫夏子凌了。”

“讲得太好了，人名头像最重要的是把人名进行形象化，和头像的特点进行联结记忆，如果能够加上与之相匹配的动作，一定能让大家过目不忘。不过大家也不要一看到人家那双小眼睛，一激动就直接叫人家瞎子了，切记，切记，是瞎子灵，你要知道瞎子算命都很灵的，你看那些潜伏在树下，算命很灵的，很多是不是瞎子啊？呵呵，扯远了，夏子凌这个介绍非常漂亮，后面的继续保持。”

“大家好，我是吴琳琳，来自安徽，其实我的名字直接记就行了，很简单的。一定要联想的话，我只能想象因为我有两只大手能捂住两片树林，所以叫吴琳琳。”她一边说着一边摊开手掌向下捂着桌面。

“这个想象很简洁，挺好的，吴琳琳，捂树林，下面接着。”

“我叫水心慧，来自安徽，我飘在水中心很肥的样子，所以叫水心慧。”小女孩有点腼腆的样子，但是表达很清晰。

“你很瘦嘛，一点都不肥，是很聪慧呀！”

“大家好，我是代丽娟，买完衣服为了防止起皱，要立（丽）刻把衣服卷（娟）起来放进袋（代）子里。”丽娟一边讲一边示范卷衣服的样子。

“嗯，想象不错，就是顺序有点不太好，变成丽娟代了。估计出国太多，习惯西式的表达了。哈哈，我倒觉得你这个就想象袋子里的梨子很尖就可以了。而且一看你这长发披肩，中间一张瓜子脸，还真有点像梨子很尖，哈哈哈……”卢龙斌笑着接道。

“大家好，我是张鑫，来自山西省运城市，是公司的一名普通员工。由于工作原因，要记许多零碎的东西，很是苦恼，总是记不住。我很是羡慕《最强大脑》上那些人的记忆能力，又从网上了解到，他们记得好，是因为他们掌握了一种神奇的方法，而且他们中有很多人是世界记忆大师。所以要学，就跟世界记忆大师学，于是我通过搜索公众号找到了卢老师他们夫妻俩，有幸成为他俩的一名学生……”

“现在记忆对我来说是件乐事，什么演讲稿啊、古诗文啊，我都很享受记忆的过程。为什么变化这么快，因为我的老师真的很棒，他们夫妻俩是世界上首对同时成为世界记忆大师的夫妻。其实学习归根到底来说是记忆，记忆好了，还愁什么学不好呢……”

“说了这么多，我的名字叫张鑫，张飞的张，三个金的鑫，记忆可以想象我张开心扉，要拥抱的样子。”张鑫有点不好意思地说道。

“张鑫，这个张开心扉确实不错啊，寓意深刻，希望课堂上也能张开心扉继续发挥。”卢龙斌点评了一下。

接下来，大家热情洋溢，一个接一个的自我介绍变得精彩纷呈，十分有趣。

第三节　角色扮演——换位思考

“今天来的很多人都是父母带着孩子过来的，为什么我们的课程是买一送一？就是学生报名，家长免费陪读。给大家讲一个小故事，这个在网上很流行，可能你们也听过……

“说的是一位几乎文盲的农民竟然‘教’出了两个清华大学的孩子，当被问及方法，农民父亲的回答出人意料：‘我这人没什么文化，其实也没啥绝招——我只不过是让孩子教我罢了！’

“因为这位农民没有文化教孩子，又不想由着他，所以就让孩子每天下课回来教自己，不懂就问，孩子也解决不了就去请教老师。

“这样孩子回家能教自己的父亲，可是非常自豪，所以学习劲头十足。父亲陪同孩子学习也建立了良好的学习氛围，营造了一个热爱学习的家庭环境。作为孩子，能够把当天学习的课程转教给别人，必须非常认真地听课记笔记，掌握得很好才行，而且转教别人的过程不仅是复习和加强理解，还提高了表达能力，好成绩自然就有了，也许这就是老子所谓‘无为而无不为’的道吧！

“接下来我们看下哈佛大学的‘学习吸收金字塔’。

“可以很明显看出，传统的听讲吸收率仅为5%，也就是我们传统的课堂灌输式和说教式的教学方式，就像现在我在讲，你们听，对你们来说可能只吸收了5%，配合了PPT和示范展示最多也才达到30%，当然晚点我们会进行分组讨论和实战演练，效果可以达到70%，而最好的效果则是立即应用去转教别人，可以吸收到90%，甚至更高，因为转教过程中你会领悟到更多。

“所以回去后，开始换位一下，家长要虚心向孩子请教，保持良好的学习氛围，不要整天拿着手机刷朋友圈，然后自己给自己点个赞，或者追电视剧、玩游戏，等等。父母是孩子的第一位老师也是一辈子的榜样，做得好不好，孩子都会学习，说句难听的就是上梁不正下梁歪哦！

“家庭环境对孩子的学习影响非常巨大，家长能够陪同孩子一起学习，回去能够一起应用，一起讨论，这样学习才会变得轻松有趣，以后你们就不要再拿着家长的架子要求孩子学这个做那个了。上阵父子兵，一起学习，你会发现孩子的学习能力可能比你还好，记得比你还快。以前只是在你们的威严下，为了应付作业，只知道死记硬背，才把学习变成了痛苦的事情。”

第四节　认识大脑——如何能记得快记得牢

下面开始第一课。

首先带大家了解我们的大脑，看着图像，我们一起深呼吸，全身心放松专注地凝视彩插1的中心点15秒左右，尽量不要眨眼，然后闭上眼睛或者把眼睛移动到白墙上，感受一下有什么？

现场同学能看到与原图红色白心一模一样图案的，请举手，看到是绿色的请举手。

我们发现16岁以下的大部分同学是可以看到跟原图一模一样的红色方形在脑海中或者白墙上，而16岁以上的成人基本都只能看到反色绿色了，这是什么原因呢？我们再来体验一下，请看彩插2。

同样的，少数人可以看到墙上浮现的原图，但是大部分只能看到蓝色长方形和黄色中心圆的反色图。部分人脑海中浮现的反色图色彩可能有区别，比如有紫色、浅蓝色等。

心慧只有12岁，可是发现自己却不能看到原像，只能看到反像！这是怎么回事呢？

这是因为我们眼睛的锥状细胞对黄、蓝、红、绿四种颜色最为敏感，所以容易有残像显现在脑海里或者眼前。而小孩的想象力天生就非常丰富，所以能“看到”原来的颜色。他们小时候喜欢寻根究底地提问题，只是被不耐烦的家长扼杀了而已。不过没关系，这样的能力是可以再现的，只要进行系统的训练即可。

七田真右脑开发的一些书里面，将看这些卡片称为黄卡训练，属于入门的基本练习。

七田真在其《右脑革命》一书中，提到了黄卡训练的5个阶段：

①能够看到黄卡的互补色（也就是中心的蓝色圆点变成黄色，周围的黄色变成蓝色）；

②能够看到黄卡的原色；

③能够有意识地改变所出现的残像的颜色和形状；

④能够自然地产生心像；

⑤能够随心所欲地看到自己希望看到的心像。

黄卡训练的最终目的，是能够随心所欲地看到自己希望看到的心像——也就是激发出内视觉，即所谓的大脑屏幕。七田真把这个目的叫作右脑的活化，通过这种活化使得大脑具备照相式阅读和记忆的能力。

内视觉功能是人生来就具有的，是一种潜在的潜意识的能力，儿童比较容易激发获得，只是在我们的成长过程中，显意识会越来越强大，潜意识受到越来越多的压抑，就越来越难调动这种内视觉能力了。潜意识是一种无意识接收的能力，无论外界刺激是什么，几乎都是百分百接收，这也是我们出生在何处就能自然学会当地语言，但是长大了学习外语却很难的一个重要原因。

内视觉能力或者说大脑屏幕，就是闭上眼睛，脑海会出现一个类似于电影屏幕的东西，如果能够看到这个屏幕，能够看到屏幕上的图像，就称为内视觉。就像之前看红色卡片，闭上眼睛，脑海出现红色或者绿色的屏幕一样的东西。其实成人也有很多这样的体验，那就是做梦，我们经常会感觉梦境非常真实，就像自己真实体验一样，因为睡眠中我们显意识消失，而潜意识是24小时在运作的，所以你会做梦。而且梦中的情景如果能够回忆起来，还会感觉到图像和场景很逼真。

说到这里，不是让大家去训练内视觉，当然儿童可以去尝试一下，但是最好要有专业的老师训练才行，而对于成人来说基本就不要抱太大希望了，我们更多的是使用图像记忆，这个黄卡体验只是让大家知道，我们在运用图像记忆的时候记忆效果为什么会更好，因为潜意识里有个大脑屏幕在，尽管图像记忆的时候我们并不能像黄卡那样呈现图像，但是潜意识中其实是有一定的图像和场景，只要你能够感受得到，那么记忆效果就会好很多。

我们可以来试一试这个在网上挺流行的图像，据说是可以看见上帝的图片。

一幅神奇的图，你能看见上帝！！！ 只要你能按照我说的办法一步一步做！ 再加上一颗虔诚的心！你就一定能看到！

凝视图片中心黑点15秒（不要看整张图，只看中间的四个黑点）；

看本书旁边的白色区域；

看的同时快速眨几下眼睛。

实际上你能感受到大概这样的图像：

同样的方法再来看彩插3，全身心放松地注视熊猫肚子上的3个黑点15秒。

也就是凝视熊猫肚子上的三点专注地看15秒左右，然后把视线移到白色的墙面，你应该会看到墙上有一只很逼真的熊猫，像彩插4（如果无法看到就凝神多看几次）。

通过上述图像的体验，我们可以感受到大脑中确实有屏幕一样的存在，照相记忆理论上也是可行的。说到记忆，我们首先要知道什么是记忆。

记忆是人脑对经验或事物的识记、保持、再现或再认的过程。信息加工理论认为，记忆过程就是对输入信息的编码、存储和提取过程。只有经过编码的信息才能被记住，编码就是对已输入的信息进行加工、改造的过程，编码是整个记忆过程的关键阶段。

所以如何编码就显得至关重要了，估计大部分人在校学习的内容都忘记得差不多了，但是对那些西游记、机器猫等动画片的内容还历历在目，这说明右脑图像记忆比枯燥的文字记忆要有趣长久，因此，记忆法的核心其实就是将信息编码为图像记忆。

这里我想特别介绍一个伟人，在央视科教频道《人物》栏目科学“超人”尼古拉·特斯拉的纪录片中，交流电之父尼古拉·特斯拉与达·芬奇被公认为世界最伟大的旷世奇才，他的成就远超爱迪生、爱因斯坦、牛顿等人。他除了是一位科学家，还是诗人、哲学家、音乐鉴赏家、语言学家。他精通八种语言：塞尔维亚语、英语、捷克语、德语、法语、匈牙利语、意大利语、拉丁语。他每天只睡2个小时，取得大约1000项发明专利，涉及领域包括交流电系统、无线电系统、无线电能传输、球状闪电、涡轮机、放大发射机、粒子束武器、太阳能发动机、X光设备、电能仪表、导弹科学、遥感技术、飞行器、宇宙射线、雷达系统、机器人等。这些发明的核心在于他能够在大脑中显现灵感并且有清晰的形状和图像，还能直接在大脑中进行运算。

1897年，美国尼亚加拉大瀑布上，建成了举世知名的尼亚加拉水电站，这项科学上的百年奇迹，就是天才科学家特斯拉在三十多岁时的一项设计，当中共运用了他的9项专利发明，包括特斯拉所发明的交流电发电机和交流电输电技术。

他甚至预言了泰坦尼克号的灾难，第一次和第二次世界大战的开始及结束……

但是这么一个伟大的天才，为何不为人知呢？

（1）由于尼古拉·特斯拉的发明创造过于超前，加上第二次世界大战时期向各国兜售“死光”武器等原因，他的资料大都被美国FBI封锁至今。

（2）他说一个科学家应该是创造人类更好的未来，而不是眼前的利益。他本人对金钱并不重视，总是把所有的资金投入到发明当中，甚至放弃了高额的交流电专利使用费，他的后半生穷困潦倒，靠美国政府的低保生存。

（3）他的情商较低，甚至不愿意和人握手，后半生除了实验几乎只和鸽子为伴。

但是我们从央视以及国外包括BBC《闪电的主人——尼古拉·特斯拉》等一些纪录片中还是能够了解到他的一些成长经历和故事。

特斯拉具有超强的图像记忆能力，在阅读书籍和期刊的同时，特斯拉已经把他读到的所有信息转化为记忆存入大脑，就像存入了内部图书馆，可以随意调取阅读。所以，特斯拉很少画他的发明，而是直接从脑海中的图片或工作记忆中进行创造，并且不断改进和完善，然后在大脑中试运行，接着在实际生产中运行。

童年时候他的想象力超好，甚至有时候无法分清眼中的景象到底是真实还是虚幻。有段时间他对尼亚加拉瀑布非常着迷，眼前甚至出现“一幅水轮被瀑布推动的画卷”，然后和叔叔说想去美国实现这幅画。后来真的实现了，也就是尼亚加拉水电站。而他的其他很多发明，也都曾清晰地浮现在眼前。

尼古拉·特斯拉具有非常好的内视觉能力，超常的想象力带给他无限的创造。也许我们无法成为像特斯拉一样的天才，但无法否认的是想象力无疑是创新和创造的必要条件。

我特别喜欢马云说的一段话：想象力是未来社会最大的动力之一。有的时候我们觉得自己做得很好，其实是想象力不够。有时候觉得自己做得很烂，也是想象力不够。别人讲得很好，你觉得不能超越他，其实还是想象力不够。

第五节　给记忆搭桥，轻松过河

只有无限的想象才能开拓创新。我们首先从最简单的一些词汇开始想象力训练。

提升脑力，补脑食品记得多吃一些。请快速记忆以下健脑食品：

干果类：瓜子，核桃，芝麻，花生，杏仁，松子，开心果……

水果类：柑橘，猕猴桃，苹果……

豆类，牛奶，鸡蛋，海水鱼……

虽然我们对以上物品进行了分类记忆，但是如果死记硬背还是很费时间，就像要过河取物，你可以辛苦地游泳过去拿，也可以从桥上轻松地走过去还能沿途欣赏美景，何乐不为？我们称之为桥连法，也有一些书上称为串联法、故事法，核心是一样的。

“大家使用故事法快速记忆以上词汇，哪位同学首先记忆完成的举手。”卢龙斌下达了开课的第一个测试题。

代丽娟首先完成，举手：“我想象自己嗑着瓜子，砸开核桃，倒上芝麻花生油炒杏仁，香气引来松鼠，它开心地裹（谐音开心果）起来跑了。接着我去吃水果，才剥开柑橘，又被猕猴抢走，我拿起苹果扔它，踩到豆子一滑，倒向一箱牛奶，还压破了鸡蛋，像海水鱼一样横躺在地。”

“哈哈，这个想象确实非常精彩夸张，要是录成视频一定会很火，而且我们听着很快就能够轻松地记忆下来了。”桥连法或者说故事法，有几个要点：

◎可以编出有逻辑真实可靠，或可能真实发生的故事，让你的大脑容易相信，容易记住。（偏左脑记忆）

◎也可以是真实生活不可能存在的，像动漫一样特别夸张有趣的故事，对大脑冲击力很强，这样也容易记住。什么是夸张？就像狗咬人很正常，这种画面你能记住，但是如果是人咬狗，牙还被带走（那人用假牙或者牙齿不好，狗一挣扎，那人牙就掉了），这种夸张的画面你一定印象深刻。（偏右脑记忆）

◎有图像画面、故事场景，甚至带入个人体验和情感等，最好是虚实结合，充分运用左右脑来记忆。

◎动比静好记，比如草丛里面有条青蛇，它安静做个美蛇子，你一般发现不到，但是当它疯狂地窜动起来，你肯定很容易就发现了，因为它动起来吸引了你的注意力，刺激了你的脑神经。

我们再来一起记忆下一段文字：

披蒲编，削竹简。彼无书，且知勉。

头悬梁，锥刺股。彼不教，自勤苦。

对于相对简短的词汇或者文章，大家可以继续使用故事串联法，所谓“事不关己，高高挂起”，可以把自己融入故事中。

披蒲编，削竹简。彼无书，且知勉。头悬梁，锥刺股。彼不教，自勤苦。

哪位同学记下来的，先上来分享一下。

不到两分钟，吴琳琳就起来背了一遍，然后说道：“我想象自己披着蒲编的外衣，削开竹简。鄙人无书，且知道自勉。（自勉方式就是）把头悬梁上，用锥刺股。鄙人不用教，自己很勤苦（学习）。”

卢龙斌听了首先鼓掌道：“记忆得很快，而且讲得很好，记忆最好的方式是根据原文大意的场景直接记忆，这两行的前面两句，都分别描述了两个人刻苦学习的典故，原文大意如下：西汉时路温舒把文字抄在蒲草上阅读。公孙弘将《春秋》刻在竹子削成的竹片上。他们两人都很穷，买不起书，但还不忘勤奋学习。晋朝的孙敬读书时把自己的头发拴在屋梁上，以免打瞌睡。战国时苏秦读书每到疲倦时就用锥子刺大腿，他们不用别人督促而自觉勤奋苦读。男同胞要加油了，想想我们现在的学习条件和环境多么优越， 有方法还需要勤奋学习和练习才行。”

练习

记忆世界最高山峰排行前十名：

第一名：珠穆朗玛峰

第二名：乔戈里峰

第三名：干城章嘉峰

第四名：洛子峰

第五名：马卡鲁峰

第六名：卓奥友峰

第七名：道拉吉里峰

第八名：马纳斯卢峰

第九名：南伽峰

第十名：安那布尔纳峰

大家一看珠穆朗玛峰很熟悉，但是后面基本就傻眼了，十分陌生，而且全是山峰，那些山的名字还特别抽象，怎么记忆呢？

第一种方法是看到这些有序号的内容，可以使用数字编码联接记忆。第二种方法是直接编故事串联记忆。

不过两种方法都有一个关键问题，那就是如何把一些抽象难记的词汇变得生动形象，有图像有场景。

给大家讲几个笑话，你们就知道了。

（1）女朋友名字叫朱静，第一次带女朋友回农村老家，进门就说："妈，朱静来了。"妈听到后说："猪进来了，快点赶出去啊！"

朱静——猪进，用的是谐音，在记忆人名头像时用得多。

（2）结婚前老婆是这样的：小鸟依人，然后七八年过去了，她已经进化成雕了……

小鸟——雕，用的是形象，从鸟到雕不过就是夸大了点。

（3）我大学一同学个子挺高的，有天我问他："你长这么高怎么不去打篮球？”结果他默默地对我说：“那你怎么不去卖炊饼？”

卖炊饼想到谁？武大郎，武大郎马上想到“矮”，这里用的是相关，以后记忆矮这个词就可以在脑海里想象出武大郎的画面了。

（4）臭。自犬。自己把自己当狗的人，放个屁都是狗屁，怎能不臭？

臭——自犬。这里是拆分，我们记忆生字和英语单词就经常用到这方法，以熟记生，非常容易。

（5）一天，我让小侄子去帮忙买东西，他说：“跑腿费2块。”给了他，补上一句：“跑快点”。

答：“再加2块。”

问：“为什么？”

答：“特快和平邮能一个价吗？”

这里小侄子把跑快点，说成是特快，可以说是相关，也可以说是他的自定义。很多抽象词汇都是自定义来的，比如笔记，可以是笔记本、笔记本电脑，甚至用笔在记的形象都可以，第一时间想到什么就记忆成什么，这样才快。

所以抽象转图像的五种方法是：谐音，形象，相关，拆字，自定义。简单的进行串联记忆就是：携行箱拆定椅（想象携带行李箱拿出工具拆固定在地上的椅子），使用好这几个方法可以从五个维度进行发散性思维的训练。

我们随便举例个词语“规矩”。

注释：规，画圆的工具，今指圆规。矩，画直角或方形的工具。谐音：龟举。乌龟举头的样子。

形象：一个人端正规矩的样子。

相关：方圆。因为无规矩不成方圆。

拆分：圆规和矩尺。

自定义：龟集。一堆乌龟规矩地集中在一起的样子。

接下来我们集思广益练习一个词语——“科学”，希望大家踊跃参与。

夏子凌首先抢答：“科学，谐音咳血，科学家工作太辛苦导致咳血。”

听完后吴琳琳笑着说："我想到刻写，也是谐音。"

陈飞宇接着站起来道："我用拆分，科想到科举，学想到学生，所以图像是科举赶考的学生。"

"我直接就是一个科学家的形象。"心慧小声说着。

"我想到的是一本科学杂志。"代丽娟讲了一个相关的方法。

"那我就自定义一个了，我定义科学为一颗原子弹的形象，这个是科学巨著。"周荣鑫很有绅士风度地用上最后一种方法。

"大家想象得都很好，大部分同学估计都喜欢直接出形象或者用谐音，但这样很局限我们的思维和想象力，所以练习前期，建议多做这样的发散思维训练，可以在日常生活看见的事物中去练习。接下来我们训练下列十个词语，每个词语都用以上五种方法转换为图像或场景，晚点我们会一一检查。"

市场，踊跃，诗歌，非凡，社会，考试，清晨，可爱，顽皮，和谐。

通过以上词语练习，我们现在对世界十大高峰进行记忆比赛。珠穆朗玛峰很熟悉就不用转换了，主要从第二大山峰——乔戈里峰开始，而且所有名字都有峰，所以这个字在记忆转换时候其实是可以省去的。哪位同学先记完的，上来展示一下，注意要先写出来，然后讲解一下自己是如何记忆的，限时5分钟，由于时间关系，只给5个上台展示名额，先到先得。剩下的同学在小组内互相检查，记得对，还要能够写得对才行。图像转换的好处是容易记忆，但是缺点也很大，就是容易写错别字，只有通过书写出来进行对比，才能保证准确无误。大家平常考试也是不能写错别字的，特别是我们参加世界脑力锦标赛，一个出错就可能得0分。

比赛规则如下：

第一名上台展示全对得3个金币，第二名2个，第三名1个。如果错误或者用时超过5分钟便没有金币奖励，该名次归下一位同学，这样大家都明白吧？记得快还要提取得快、回忆得准才行，因此不一定记得最快就是最好，关键要准和稳。这个过程只是训练大家的记忆速度、准确度、竞争意识、上台展示的心理素质、表达能力等。

现在比赛开始。

过了几分钟周荣鑫抢先上台。

第一名：珠穆朗玛峰

第二名：乔戈里峰

第三名：干城章嘉峰

第四名：洛子峰

第五名：马卡鲁峰

第六名：卓奥友峰

第七名：道拉吉里峰

第八名：马纳斯峰

第九名：南伽峰

第十名：安拿布尔纳峰

有点勉强地写完了上述十大高峰，但是很可惜，第八名：马纳斯峰，少了个“卢”字。第十名：安那布尔纳峰，写了个错别字：“拿”。

“你的回忆有点慢，一个是最先上台，记得快但是记忆不牢，还有一种情况，你用的是故事法记忆吗？”卢龙斌问道。

“是啊！那个‘卢’确实没有注意，第十名我想的是安心地拿布儿那边擦，结果可能有点紧张就写错了。”周荣鑫有点遗憾地说。

“所以要注意一下，特别是一些简单的字，反而容易写错。特别是国外地名、人名这些直译过来时候，比如那、拿、哪、纳等都可以，稍不注意就容易出错，因此平时练习要特别注意。大家也不要抢速度，准确第一，一般文字类的记忆在记忆大师比赛里有人名头像和词汇，我一般是记一遍，第二遍边回忆边用手指在桌上写，尽量保证准确。由于周荣鑫的一个错别字按照规定不得金币，还有4个名额机会，下一个选手，请上挑战位！”卢龙斌最后学了一下《最强大脑》中蒋昌建的标准动作。

吴琳琳作为第3组的小组长，很快就上台准确地写完了所有十大高山，然后开始讲解，她说，“我用的是数字编码定桩法，比如：

第一名：珠穆朗玛峰，直接就记得的。

第二名：乔戈里峰，2是鸭子，我想象鸭子乔装得太诡异给隔离了。

第三名：干城章嘉峰，3是耳朵，我想象长着大耳朵的金城武写了好文章受到嘉奖。

第四名：洛子峰，4是汽车，开车走落下了儿子。

第五名：马卡鲁峰，5是钩子，钩子钩住马卡着，马鲁莽地乱冲。

第六名：卓奥友峰，6是勺子，勺子在桌上遨游。

第七名：道拉吉里峰，7是拐杖，我的拐杖被倒垃圾里了。

第八名：马纳斯卢峰，8是葫芦，葫芦娃骑马拉死鹿。

第九名：南伽峰，9是狗，给狗男家加油。

第十名：安那布尔纳峰，10是棒球，拿棒球安在那布儿内。”

吴琳琳一讲完，下面掌声很热烈，她声情并茂，讲得很精彩，接下来的两个人挑战也都很成功……

用好记忆法不只是帮助记忆，提高想象力、创造力，还能成为广告创意大师哦。比如：

洗碗阿姨不爽别人称她洗碗工，给自己取了个牛气的名字叫：瓷洗太后。

旁边补车胎的师傅知道后大受启发取名：拿破轮。

电焊工听说了之后，拍腿一呼变成：焊武帝。

正准备和隔壁的糖果店老板炫耀，没想到看到门面上霸气的几个字：糖太宗。电焊工瞬间沉默……转身一看不远处切糕店一大招牌：汉糕祖……还在惊愕之际，这时，一个掏粪工骑着拉粪车经过，拉粪车上赫然写着三个大字：擒屎皇……

笑够了吧？其实这就是个笑话，接下来我们得来点有真材实料的广告创意，看看这些知名的广告，你们能发现什么？

第六节　世界记忆大师的关键技术——数字编码

数字编码参考

（提示：读者可以选择自己记忆最深刻的先行使用）

	谐音	象形	自定义
1	鱼、雨、姨	蜡烛、铅笔、树	
2	鹅、鳄、儿子	鸭子	
3	伞、山、蒜	耳朵	
4	寺庙	帆船	小汽车
5	虎、壶	秤钩	五角星、手
6	鹿、驴、牛	勺子、豆芽	刘德华
7	妻、旗、漆、	镰刀、锄头、拐杖	齐天大圣
8	花、爸 、瓜	眼镜、葫芦、麻花	
9	舅、旧、救、揪、狗	哨子	啤酒、猫、韭菜
10	衣领	棒球	
11	雨衣	筷子、双杠、铁路	公交车
12	椅儿、婴儿、幺儿、鱼儿		闹钟
13	医生、 衣裳		
14	钥匙、玉石		
15	鹦鹉、王壶		月亮
16	石榴、石牛		
17	仪器、玉器、一汽		闸刀
18	泥巴、篱笆		腰包
19	衣钩、幺舅		
20	耳铃		香烟、奶瓶
21	鳄鱼、二姨		
22	饿、鹅	鸳鸯	
23	和尚、耳环		
24	饿、死		盒子
25	二胡、恶虎		

续表

	谐音	象形	自定义
26	河流、二流子		
27	耳机		
28	恶霸、二爸		荷花
29	阿胶		话筒
30	山林、森林		山洞
31	鲨鱼、鳝鱼、上衣、三姨		狐狸
32	扇儿		
33	星星		
34	三丝、生死、绳子		山猪
35	珊瑚		刺猬
36	山鹿、山路		剪刀
37	山鸡		相机
38	沙发		女人
39	三角形		
40	司令		手枪
41	司仪、死鱼		
42	柿儿		
43	石山 、瓷砖		
44	蛇		勺子
45	师父、师母		
46	饲料		煤球
47	司机		阶梯
48	丝瓜		
49	死狗		
50			奥运五环
51	武艺、舞衣		鸡毛掸
52	斧头		
53	乌纱帽、巫山		五指山

续表

	谐音	象形	自定义
54	武士、故事		青年节
55	火车		
56	蜗牛		
57	武器、乌鸡		飞机
58	尾巴、苦瓜、舞吧		高跟鞋
59	武警		
60	榴莲		
61	儿童		轮椅
62	牛耳、驴儿		
63	硫酸		灯管
64	牛屎、		螺丝、律师
65	锣鼓、螺母		
66	蝌蚪、溜溜球		
67	油漆、楼梯		刷子
68	喇叭		
69	漏斗		
70	麒麟		龙
71	蜥蜴		
72	企鹅、妻儿		
73	旗杆、鸡肝		三脚架
74	骑士		长矛
75	积木		鹦鹉
76	汽油		
77	织女		文胸
78	青蛙、西瓜		
79	气球		
80	巴黎铁塔		
81	白蚁		

续表

	谐音	象形	自定义
82	芭乐		
83	花生		
84	巴士		砖块
85			金刚狼
86	八路		大刀
87	白旗		
88	爸爸		手掌
89	芭蕉扇		蒲扇
90	酒瓶		
91	球衣		毛巾
92	脚儿		
93	救生圈		
94	教师		灵芝
95	酒壶、救护车		
96	脚镣		
97	楼梯		
98	酒吧		酒杯
99	舅舅		脸谱
00	玲玲	望远镜	
01	鲮鱼		
02	玲儿		
03	灵山		禅杖
04	零食		糖葫芦
05	灵符		
06	犀牛		
07	令其		
08	淋巴		冬瓜
09	灵柩		十字架

记忆和熟悉编码的一种方式是每10个编码编一个故事进行串联记忆，如果某个编码忘记了就可以通过故事联想到前后的编码从而回忆出来。为了方便讲解，我们使用以下这套编码，并且配合图片，启动左右脑加强记忆效果。

下面的这套数字编码，我们用一张简洁的截图仅供大家参考。

00 眼镜	01 鲤鱼	02 铃儿	03 禅杖	04 帆船
05 灵符	06 钩子	07 镰刀	08 冬瓜	09 蜗牛
10 棒球	11 筷子	12 婴儿	13 医生	14 钥匙
15 锤子	16 杨柳	17 蜻蜓	18 篱笆	19 泥鳅
20 酒瓶	21 鳄鱼	22 脸谱	23 和尚	24 夹子
25 二胡	26 贝壳	27 耳机	28 荷花	29 话筒

续表

30 山洞	31 鲨鱼	32 仙鹤	33 闪闪	34 扇子
35 包子	36 帽子	37 鱿鱼	38 沙发	39 三角尺
40 司令的手枪	41 鱼刺	42 柿子	43 螳螂	44 铲子
45 手指	46 石榴	47 阶梯	48 丝瓜	49 锄头
50 煤球	51 狐狸	52 斧子	53 五山	54 螃蟹武士
55 火车	56 母牛	57 飞机	58 巨无霸	59 武警
60 榴莲	61 哨子	62 驴儿	63 灯管	64 牛屎

续表

65 锣鼓	66 公牛	67 油漆	68 娄巴	69 漏斗
70 麒麟	71 蜥蜴	72 企鹅	73 机枪	74 鞋子红色
75 鹦鹉	76 充电头	77 织女	78 青蛙	79 气球
80 巴黎	81 白蚁	82 网儿	83 白猫	84 巴士
85 白虎	86 绣球	87 火炬	88 芭蕾	89 滑板
90 精灵	91 拳击	92 球儿	93 旧圈	94 狗子
95 酒壶	96 脚镣	97 起瓶器	98 球拍	99 胶卷

编码已经上传到网盘，需要可以加老师QQ 276599680 索取，方便学习。

第七节　快速记忆圆周率 100 位

根据“学习吸收金字塔”，我们知道最好的学习方式就是立即应用和转教他人，因此我们接下来挑战快速记忆100位圆周率，记完之后你就可以去展示和转教他人了。

关于背诵圆周率还有个小故事：

茅以升10岁那年，就以优异的成绩考入江南中等商业学堂，因家境贫寒，他常受人讥笑，被人看不起。但他不气馁、不自卑，决心以优异的成绩来回击那些只重衣冠的人。他给自己制订了明确的学习计划，规定了严格的作息时间。每天清晨，他都要到河边去背书，背圆周率。他常常边走边背，由于注意力高度集中，他竟然一脚踏进河里，弄得全身湿淋淋的。从此，人们就称他为“书呆子”。有一年，学校举行新年晚会，同学们唱歌、跳舞、弹琴、吹笛，个个都表演了节目，非常热闹。这时，有人提议让茅以升也表演一个节目，想捉弄一下这个“书呆子”。出人意料，茅以升竟红着脸上了场，不慌不忙地说：“我不会弹琴，就给大家背一背圆周率吧——3.14159265……”他竟然一口气背出圆周率小数点后面的100位数字。顿时，掌声雷动，经久不息。师生们对这个“特别节目”惊讶不已，对茅以升油然而生一股敬意。

原来，茅以升见书本上已把圆周率精确到小数点后面100位数字，他想圆周率这么重要，我不妨把它背下来。于是，他每天起床都要把圆周率背一遍，中午前又背一遍，晚饭前再背一遍，天天如此，坚持不懈。从背到小数点后10位、20位，30位、40位……最后，他终于能一口气背到小数点后100位了。他常说：“人的头脑、人的四肢，越用越灵，越练越强。相反，不经常磨炼，时间长了，就会生锈。”

功夫不负有心人。正是从小养成了刻苦学习、勤奋读书的习惯，茅以升终于成为闻名世界的桥梁专家。

故事讲完了，大家知道茅以升当时不用任何方法，就靠着死记硬背记完了100位数字！你们猜一下，他花了多少时间？听说是十天啊！就连这么厉害的人物都花了十天时间，我们这些普通人，使用记忆法，看看要多久？

3.

1415926535 8979323846

2643383279 5028841971

6939937510 5820974944

5923078164 0628620899

8628034825 3421170679

这100个数字如果使用桥连法一直编故事，这个故事会太长，如果中间哪里忘记了就无法继续，而且倒背和任意点背也很难定位，因此我们需要使用一些辅助。这里我们用几个熟悉的人物来引导记忆，也称为人物定桩法。

比如使用人物桩（爷爷、奶奶、爸爸、妈妈、叔叔）来记忆以上100位圆周率数字，哪位同学先记忆完成的，上来展示一番。这次代丽娟抢先上台，背完100 个圆周率，并且讲解了自己是如何使用故事来快速记忆。

爷爷：爷爷把钥匙挂在锤子上，用锤子锤破球儿，掉出一个锣鼓，锣鼓砸到了包子，包子里弹出滑板，滑板撞破气球，吓得仙鹤跳到沙发上啄石榴。

奶奶：奶奶用贝壳夹住螳螂，放在沙发上喂仙鹤，仙鹤不吃反而用嘴扎破气球，气球皮掉在煤球，烧焦成荷花一样，过来一辆巴士车载着一车泥鳅去喂蜥蜴。

爸爸：爸爸拿着漏斗塞进三角尺里面，戳破了旧圈套住了鹦鹉的脖子，鹦鹉用嘴叼起棒球，打飞巨无霸背上的酒瓶，酒瓶上面的起瓶器掉到锄头上，又弹到了铲子。

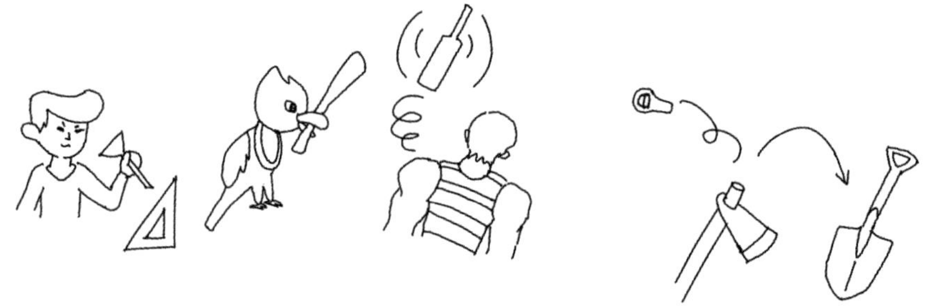

妈妈：妈妈是个武警，与和尚拿着镰刀把白蚁埋到牛屎里面，接着用钩子勾来荷花放到驴儿背上，驮回家煮冬瓜，剩下的用胶卷缠起来。

叔叔：叔叔把绣球丢在荷花下的禅杖上，拿了个丝瓜拉二胡，因太热去找扇子，碰到一只鳄鱼，它嘴里咬住一只蜻蜓，尾巴被钩子勾着，钩子上还系着气球。

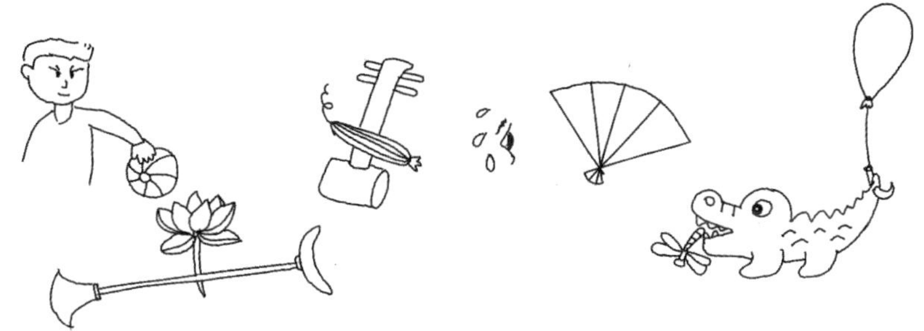

学有余力的朋友们继续挑战到200位，还可以用人物定桩，用阿姨、哥哥、姐姐、弟弟、妹妹等记忆第101到200位的圆周率数字，如下：

8214808651 3282306647

0938446095 5058223172

5359408128 4811174502

8410270193 8521105559

6446229489 5493038196

第八节　如何听记对话内容：生日、手机号码、籍贯、爱好等

平时开会、听讲座等都是可以带上纸笔做记录的，然而在平时的对话或者接听电话时，就没有这么好的条件，只能靠大脑快速记忆，这就需要大脑快速提取关键内容转换和记忆。

有时候我们接听电话，对方会给一个手机号码让你联系。你就可以通过听记的方式来进行，当然目前智能手机都带有记事本等，可以一边接听电话一边记录。不过为了平时的训练，我们可以直接记忆。

比如这个来自上海的刘茂才，生日是1986年5月18日，热衷于炒股，喜欢打乒乓球，持有苏宁云商002024，手机号码：13579930289。

记忆的时候生日的年份前面的19可以不用记，记忆起来就是：海上（上海）留下帽子才（刘茂才）能当八路（86），大喊：我要发（518），跑进股市打乒乓球，打完到苏宁云商戴上眼镜按铃饿死了（002024）。

手机号码前面的1不用记，只要记忆后面10位数即可。想象刘茂才给珊瑚（35）挂上气球（79），塞进救生圈（93）摇着铃儿（02），喝起白酒（89）。

第三章　秒记英语单词

第一节　背单词需要拆分

对于大部分学生来说，在校期间最痛苦的不是难解的数学，也非拗口的古文，而是那些记了又忘、忘了又记的单词了。特别是在上班的一些朋友，是不是经常有这样的体验：公司的同事，经常会面，但是在外面突然一个偶遇，似曾相识，想打个招呼，但就是想不起来这人到底叫什么！

据说学习语言的最佳时期是0到3岁，这时候学习的语言可以自然成为母语，婴幼儿时期的大脑处于完全开放状态，无意识地接收任何信息，这也是为什么我们出生在哪个地区，就能自然地学会当地的语言。但是长大以后随着自主意识、独立思考和辨别判断等能力的逐步加强，学习外语变得越来越难。特别是记忆单词这类很抽象的字母组合，就需要一个好的方法，否则靠死记硬背确实非常辛苦，而且吃力不讨好，很容易产生厌学心理。

比如记忆dilemma 困境，我们传统记忆单词方式，就是一个字母一个字母地反复诵读：

d–i–l–e–m–m–a困境

d–i–l–e–m–m–a困境

d–i–l–e–m–m–a困境

……

不厌其烦地反复死记，这类最广泛使用的记忆方式，我们亲切地称之为老和尚念经法，念得天花乱坠，晕头转向，历经九九八十一难，受尽折磨，最终还是没能取得真经。

其实懂记忆法的朋友都知道，记忆单词是非常简单的，最快捷的方式就是以熟记生，先把单词拆分为已知单元，然后结合词义甚至读音进行串联记忆，这个串联只要发挥想象力，能记得住就行，不管它是否合理。

比如honorificabilitudinitatibussey n.不胜光荣。

这个源自莎士比亚剧本*Love's Labour's Lost*（《空爱一场》）的超长单词，如果没有方法记忆，死记硬背很难想象要花费多少时间！我们将其拆分为已知的各个单元。

H像椅子，on在上面，o像球，ri日，f非，i爱，ca擦，bili臂力，tudi土地，ni你，ta他，ti踢，bus巴士，se射，y歪。

接着我们对上述转换，运用故事法进行串联。

椅子上的球，日本人非常爱擦，臂力太大擦到土地，你帮他踢进巴士，结果射歪了还觉得不胜光荣（注意se近似拼音：射）。

通过简单地拆分成熟悉模块之后，我们将记忆量缩小为一段一段，运用强大的图像联想记忆，像在脑海里看动画片一样，轻松地就记忆下来了。接下来我们详细讲解记忆单词的各类方法。

第二节　会拼音就会单词

英语26个字母和中文的拼音字母本来就是同一套符号，完全可以用我们熟练的拼音来记忆单词：

dilemma [dɪˈlemə] 窘境，困境

找拼音：di低+le了+mma骂骂

联想记忆：他收入低了就骂骂这困境怎么办

plant[plɑ：nt]　n.植物，草木；庄稼；vt.种植；安，插

找拼音：p+lan+t

p 破的拼音首字母，lan 烂，t 太的拼音首字母。

结合词义进行故事串联记忆：他种植的植物破烂得太多了。

molecule[ˈmɒlɪkjuːl]　n. 分子

找拼音：mo磨+le了+cu粗+le了

记忆：这些微小颗粒分子磨了后变粗了。

cache[kæʃ]　n.藏物处；隐藏处

找拼音：ca擦+che车

记忆：他在隐藏处擦车。

base[beɪs]　n. 根据地，基地

找拼音：ba爸+se色

记忆：在根据地的老爸很色。

Shade　[ʃeɪd]　n. 遮阳，遮棚；挡风物；玻璃罩

找拼音：sha傻+de的

记忆：傻的人拿玻璃罩遮阳。

sanguine　[ˈsæŋgwɪn]　adj.乐观的

找拼音：san三+gui鬼+ne呢

记忆：乐观的三鬼呢？

第三节　发现已知单词

本身英语的很多构词就是一种熟词的组合，比如：

anywhere　[ˈenɪweə(r)]　adv. 任何地方

anyhow　[ˈenɪhaʊ]　adv. 不管怎样

anyone　[ˈenɪwʌn]　pron. 任何人，无论谁

anything　[ˈenɪθɪŋ]　pron. 什么事（物）；任何事（物）

这些都是很熟悉的已知单词组合，所以我们记忆起来就特别快，因此，同样的我们可以应用到更多单词。

bedroom　[ˈbedruːm]　n. 寝室，卧室

找熟词：bed床+room房间

记忆：有床的那个房间就是卧室。

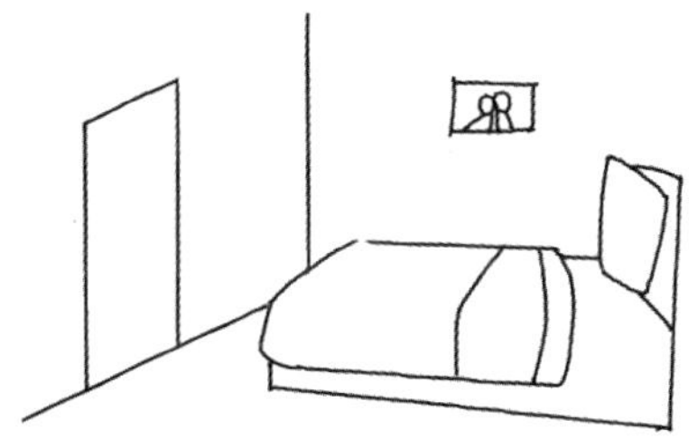

handsome　[ˈhænsəm]　adj.英俊的，健美的；大方的；数量大的

找熟词：hand手+some一些

记忆：英俊的人的手都很大方。

manage [ˈmænɪdʒ] vt.管理；经营；使用

找熟词：man男人+age年纪

记忆：男人到一定年纪就会管理了。

behave [bɪˈheɪv] v.守规矩，行为

找熟词：be成为+have有

记忆：行为上成为有规矩的人。

awesome [ˈɔːsəm] a.令人惊叹，很困难的

找熟词：a啊+we我们+some一些

记忆：啊，我们有一些令人惊叹的演出。

forgive [fəˈɡɪv] vt.原谅，宽恕

找熟词：for为了+give给

记忆：为了给一个原谅的理由。

hijack [ˈhaɪdʒæk] vt.劫持；绑架；拦路抢劫；n.劫持；敲诈；威逼

找熟词：hi+jack

记忆：hi，jack我们去抢劫吧。

以上两种方式是我们最容易掌握也是最便于快速记忆的方法，更多的是拼音和已知单词结合使用。

glove [ɡlʌv] n.手套

拆分：g哥+love爱

记忆：哥爱戴着手套。

destroy [dɪˈstrɔɪ] v. 摧毁；毁灭；破坏

拆分：de得+stroy故事

记忆：他得出故事的结局是破坏性的。

freeway [ˈfriːweɪ] n. 高速公路

拆分：free自由+way路

记忆：高速公路不是自由之路。

lightning [ˈlaɪtnɪŋ] n. 闪电

拆分：light光+ning宁

记忆：闪电强光划过宁静的夜空。

pancake [ˈpænkeɪk] n. 烙饼；薄饼；

拆分：pan盘+cake蛋糕

记忆：他把盘子上的蛋糕拿来烙饼。

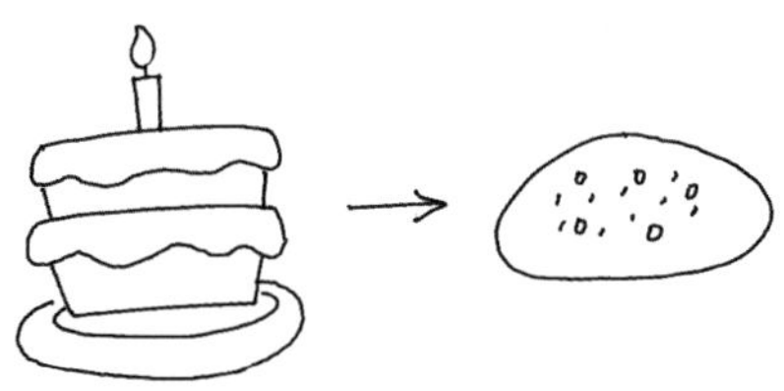

第四节　发散思维法

有些人说我没有一点单词基础怎么办？那就从简单的单词开始，使用单词导图快速记忆多个单词，比如at这个单词，以它为基础，可以在前后加上字母变成一个新单词。对于有一定单词基础的朋友，这个方法更容易大量记忆单词，这个发散思维的单词导图，其实是思维导图的一种使用方法，后面我们会详细讲解思维导图。

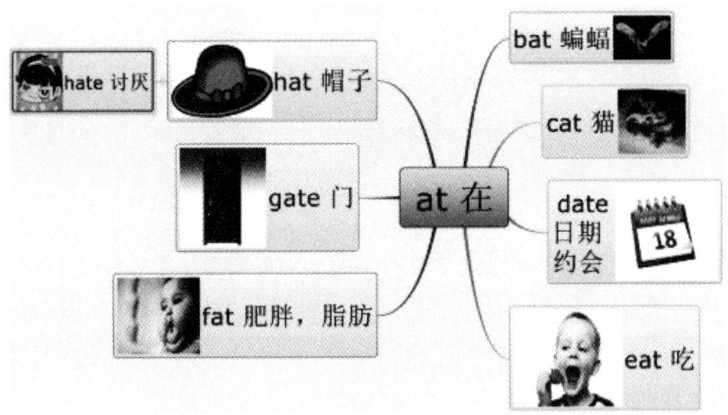

第五节　增减字母法

ban，band，bandage

ban[bæn] n.禁令；　v.禁止，取缔

记忆：他禁止颁布禁令。

band[bænd]　n. 乐队

拆分：ban办，d的

记忆：他办的乐队怎么样了？

bandage　[ˈbændɪdʒ]　n. 绷带

拆分：band乐队，age年龄

记忆：乐队的歌手上了年纪都缠着绷带。

car，care，careen

car n. 汽车，小卧车

拆分：ca擦，r人

记忆：他擦那人的汽车。

care　n. 照料，保护；小心　v.介意……，在乎；关心

拆分：car汽车，e鹅

记忆：他小心保护好汽车里的鹅。

careen　[kəˈri:n]vt.将船倾侧，将船倾倒

拆分：care关心 en恩

记忆：我很关心恩人将船倾倒，会被洪水冲走。

其他字母变换组合参考：

前面加字母

例如：is—this，ear—near/hear，pear—spear

后面加字母

例如：his—hiss，near—nearly，hear—heart，plane—planet

中间加字母

例如：though—through，tree—three，for—four

换字母

例如：bake—cake / lake / wake / take

第六节 谐音法

对于零基础的朋友，发音怎么解决呢？最稳妥的方式是先学习国际音标，掌握好口型标准发音。当然如果你马上就要出国进行基础交流，急需说几句英语，比如点餐，你要是不知道怎么点餐，可能不小心就饿死了。其实英语单词很多读音通过谐音后会变得非常搞笑，而且十分容易记忆，此法虽然有趣，但是可能导致发音问题，除非你发音很准，或者确实记不住发音再考虑使用此法，或者只是临时抱佛脚。

比如你想吃面条：noodle ['nu：dl] 面条

谐音：怒的了

记忆：一想到难吃的面条就怒的了。

如果你点了面条，一般服务员会问你：

What kind of sauce would you want？

（需要什么酱汁？）

sauce [sɔ：s] n. 酱汁

谐音：受死

记忆：加个酱汁要受死?

如果你想加个番茄酱：ketchup ['ketʃəp] n. 番茄酱

谐音：可戳破

记忆：番茄肯定是可戳破的。

通过这些简单的谐音，至少可以叫到吃的了。其他一些谐音仅供参考。

panda ['pændə] n. 熊猫

谐音：喷的

记忆：熊猫喷的。

peace [pi:s] n. 和平

谐音：劈死

记忆：为了和平，不怕劈死。

有很多单词可以综合运用拆分组合加上谐音法记忆，比如：

chairman ['tʃeəmən]n.主席

谐音："擦了门"

拆分：chair椅子+man男人

记忆：站在椅子上擦了门的男人竟然是主席。

ambulance [ˈæmbjələns] n.救护车

谐音：俺不能死

拆分：am是+bu部+lan烂+ce车

记忆：俺不能死就算开的是部烂车。

abandon [əˈbændən] vt.丢弃；放弃，抛弃

谐音：哦笨蛋

拆分：a一个+ban搬+don动

记忆：哦笨蛋，这一个都搬不动，只好丢弃了。

addition [əˈdɪʃn] n.加，加法

谐音：哦滴神

拆分：a阿+ddi弟弟+tion神

记忆：哦嘀神，会做加法的是阿弟地神。

注意，这个单词拆分出来的tion是经常出现的词缀，比如：

atten tion [əˈtenʃn] n.注意

ques tion [ˈkwestʃən] n.问题

posi tion [pəˈzɪʃn] n.位置

station [ˈsteɪʃn] n.车站

……

非常多单词以tion结尾，所以我们对这类经常出现的词缀，包括前缀和后缀等称为词根词缀。何谓词根词缀，比如我们汉字“词”，词的左边单人旁就是词缀，右边的“司”字就是词根，词根词缀是专门的一套系统，新东方有很多书籍都是关于词根词缀的，需要读者有一定的英语基础。

第七节　编码法

编码法包括字母编码、词根词缀编码、象形法等，既然是编码法，那么应用之前需要先学习记忆一下相关的编码。熟悉这些编码再加上前面的拼音，已知单词组合法、谐音法，几乎可以秒杀一切单词。至于记忆速度能够多快，这就取决于你对编码的熟悉和组合法的灵活运用程度了，这个过程就需要你大量地训练单词记忆，有人三天就能记忆1000个单词，还有人能够任意点背整本四六级英语单词，甚至牛津英汉词典。靠的就是对这种方法的灵活快速地运用，以及持之以恒地训练，废话不多说，先上第一道菜。

26个字母编码

先回忆一下，我们之前说过的方法：把抽象进行图像转换，即携行箱拆定椅。我们下面提供谐音、形象、相关三套编码仅供参考，读者朋友能够自创则更好。

字母	谐音	形象	英语相关	字母	谐音	形象	英语相关
a	啊	帽子	apple 苹果	n	摁	山洞	note 笔记
b	笔	肚子	boy 男孩	o	藕	足球	Olympic 奥运会
c	吃	磁铁	cat 猫	p	皮带	球拍	panda 熊猫
d	笛子	弓	dog 狗	q	气球	QQ	queen 女王
e	鱼	梳子	egg 鸡蛋	r	人	路灯	rock 石头
f	斧头	拐杖	father 父亲	s	蛇	胶卷	snow 雪
g	鸽子	哨子	gold 黄金	t	踢	雨伞	tea 茶
h	河流	椅子	horse 马	u	油	试管	university 大学
i	埃及	蜡烛	ink 墨水	v	胃	V 手势	VCD 光盘
j	姐	钩子	jeep 吉普车	w	乌贼	山谷	window 窗户
k	刻	机枪	kite 风筝	x	X 战警	晾衣架	X-ray X 光
l	了	棍子	lake 湖	y	歪	弹弓	yellow 黄色的
m	门	麦当劳	mouse 老鼠	z	贼	梯子	zoo 动物园

字母编码觉得记忆起来比较困难的，也可以使用我们的桥连法，编个故事记下来谐音的编码，比如：啊，笔被吃进了笛子，笛子插起鱼儿，用斧头劈碎丢去喂鸽子，河流冲到埃及的大姐，大姐拿刀刻了门，摁着藕片，抽出皮带捆上气球，把人和蛇都踢到油桶里，虽然很伤胃，还被乌贼绊倒了，幸好X战警来救援，她歪倒过去，却被贼给抱走了……

另外我们提供了字母编码的一些图片，编码图可以选择自己出图最快的那个编码，然后自己从网上下载图片。我们经常看到一些人能够快速记忆随机的字母，能够快速地正背倒背，就是用的字母编码的方法。

A 帽子	B 笔	C 西瓜	D 弓箭
E 梳子	F 牙刷	G 鸽子	H 椅子
I 蜡烛	J 钩子	K 机枪	L 锄头
M 马	N 门	O 藕	P 皮带
Q	R 人	S 蛇	T 踢

续表

U 枕	V	W 乌贼	X 剪刀
Y 弹弓	Z 猪		

我们还对常用的字母组合进行编码，也是按照谐音和拼音方式进行编码，在实际单词记忆中使用可以尽情发挥想象，记得快、记得牢即可。以下我们提供一套编码，仅供参考，建议可以熟悉这套编码，然后活用到单词记忆中，效率会高很多。

常用字母特殊组合编码

a	ab 阿爸	abo 阿伯	ac 鹌鹑	acc 爱吃吃	ad 阿弟
	af 安抚	ag 阿哥	al 阿里	am 阿妈	an 俺
	anta 安踏	anti 俺踢	ap 安排	apo 阿婆	app 挨批
	ar 矮人	ass 按时	att 爱踢踢	au 爱幼	aw 安稳
b	ba 爸	be 杯子	bi 笔	bl 玻璃	bo 波纹
	br 鄙人	bro 不容	bs 布什	bt 鼻涕	bur 不如
	by 白云	bz 爆炸			
c	ca 擦	ch 出	chi 吃	ci 刺	ck 刺客
	cl 吃了 / 成龙	cm 吃面	cn 吃奶	co 戳	com 空
	con 葱	cong 虫	cr 此人	cu 醋	cy 除外
d	da 打	de 的	di 地	dis 的士	do 做 / 都
	dr 敌人	du 肚子	dy 大鱼	dz 大猪	

续表

e	ea 饿啊	eg 饿狗	el 伊利	ele 饿了	em 噩梦
	en 摁	eq 情商	es 饿死	ex 一休	
f	fe 风	fi 飞	fl 风铃	fo 佛	fr 飞人
g	ga 嘎	ge 割	gl 够了	go 狗	gr 工人
h	ha 哈	he 喝	ho 吼	hu 壶	
i	id 爱迪生	im 暧昧			
j	ja 家	je 姐	jo 佳偶	ju 橘子	
k	ke 刻	ki 可爱	ky 烤鸭	kz 烤猪	
l	le 了 / 乐	li 里	lo 漏	lu 路	
m	mal 骂了	me 么	mis 迷死	multi 木梯	
n	na 拿	neo 捏偶	non 弄		
o	ob 欧巴	oc 藕池	oo 眼镜	op 藕皮	ov 呕胃
p	para 怕染	pe 配	pl 拍了	pre 怕热	pro 飘柔
q	qua 去啊	qui 去爱			
r	ra 让 / 热爱	rem 热门	ro 肉	ru 入	
s	sa 撒	sho 手	sub 酥饼	sk 思考	sl 死了
	sm 什么 / 沙漠	sn 水牛	sp 视频	st 身体	sur 俗人
	sw 上网	sy 鲨鱼	sz 山猪		
t	th 天河	tion 神	tra 突然	tw 天王	ty 太阳
u	un 晕	ur 游人			
v	va 伟岸	ve 维 E	vi 胃癌	vo 围殴	
w	wh 为何	wi 我爱	wr 微软		
y	ya 鸭	yo 哟			
z	ze 责	zo 走			

接下来我们将以上方法进行综合运用，来秒记一切单词。

wheat [wiːt] n. 小麦

拆分：wh为何，eat吃

记忆：小麦为何好吃？

abundant [əˈbʌndənt] a.大量，丰盛的，充裕的

拆分：ab阿伯，un晕，dant蛋挞

记忆：阿伯头晕是因为吃了大量的蛋挞。

adaptation [ˌædæpˈteɪʃn] n. 适应；改编

拆分：a啊，dap打破，ta塔，tion神

记忆：啊！打破塔神，这改编本，我该如何适应。

baggage [ˈbægɪdʒ] n.行李

拆分：bag包，ga嘎，ge哥

记忆：他的行李包里嘎嘎叫着哥哥。

challenge [ˈtʃælɪndʒ] n.挑战（性）

拆分：chal差了，leng冷，e鹅

记忆：他就差了只冷鹅来挑战。

compensate [ˈkɒmpenseɪt] v.补偿；弥补

拆分：com空，pen喷，sa洒，te特

记忆：他为了弥补空洞，喷洒特多胶水。

deserve [dɪˈzɜːv] v.（不用于进行时态）应得；应受

拆分：de得，serve服务

记忆：他得到应得的服务

flexible [ˈfleksəbl] adj.灵活的；可变动的

拆分：fle费了，xib西部，le了

记忆：这灵活可变的方案废了西部了。

guidance [ˈgaɪdns] n.指导；引导

拆分：gui跪，dance跳舞

记忆：你引导他跪着跳舞。

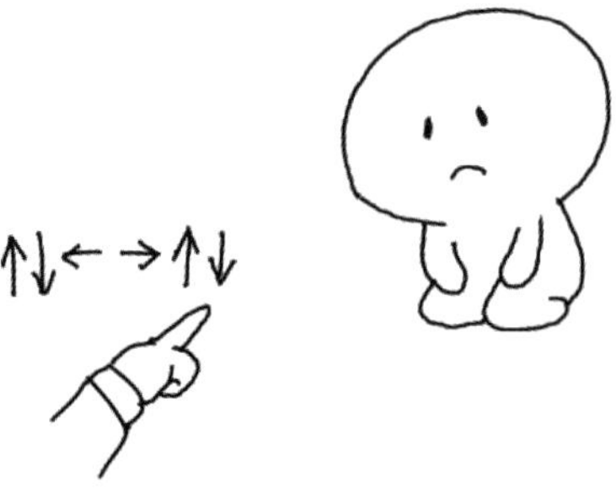

helmet [ˈhelmɪt] n.头盔

拆分：hel合力，me么，t套

记忆：他们合力把这么大套子塞进头盔。

indicate [ˈɪndɪkeɪt] v.表明；象征；暗示

拆分：in在……里面，di地，ca擦，te特

记忆：他象征性在地里面擦了下特别做了暗示。

justice [ˈdʒʌstɪs] n.正义；公正；司法

拆分：jus据说，tice体测

记忆：据说体测的司法很公正。

lantern [ˈlæntən] n.灯笼；提灯

拆分：lan栏，te特，rn热闹

记忆：大家都提着灯笼，围栏外特热闹。

merchant [ˈmɜːtʃənt] a.商业的；商人的 n.商人；生意人

拆分：mer没人，chan产，t铁

记忆：没人生产铁，这商人的生意没法做了。

nursery [ˈnɜːsəri] n.托儿所

拆分：nurse护士，ry人员

记忆：托儿所很多护士人员。

obtain [əbˈteɪn] vt.获得；得到

拆分：ob欧巴，tain太难

记忆：欧巴太难获得冠军了。

cherry [ˈtʃeri] n.樱桃；樱桃树

拆分：che车，rr人人，y要

记忆：樱桃这一车，人人要。

单词记得快、记得牢的关键还是要多练习，特别是初学者，刚开始比较难适应这样的记忆方式，本身拆分就比较慢，再加上想象联想速度也慢，就会感觉还不如死记硬背来得快。然而没有尝试过，没有练习过，你又如何能够感受到它的好处呢？建议每天练习半小时左右，综合运用以上方法大量记忆单词， 还能够开发想象力、创造力，坚持一个月便可十倍速提升速度，十倍量记忆单词。

彩蛋1　为什么有些人无法应用记忆法

有些朋友在经过上述的学习后，发现自己并不能很好地运用这些方法，这里存在几个原因：

1.练习太少

记忆法的核心在于图像转换的速度和持久度，能够把抽象的事物转为形象化的图像，这个速度够快就能记得快，转换后的图像越持久，记忆时间也就保持得越长。对于只是了解方法，训练很少的人是很难做到转换图像的速度和持久度的。举个简单的例子，就像打羽毛球一样，就算世界冠军林丹来教你打球，把全套技术都传授给你，但你是一个没有打过或者很少打羽毛球的人，你能够马上领会到要领，和林丹一样杀球超快，打得非常漂亮吗？这是不可能的，因为学习之后靠的是练习，而且是长期努力的训练，毕竟冰冻三尺，非一日之寒。

因此比起“好好学习，天天向上”，我更愿意说“好好练习，天天向上”。也就是光学习不练习是远远不够的，方法再好，就像学习到的游泳技巧再全面再深入，只要你不下水练习，基本是不可能学会游泳的。所以记忆法其实是个慢功夫，不是一蹴而就的，更不是一劳永逸的。特别是记忆宫殿，你要认真去找很多地点桩才行，而且熟悉地点桩之后还要复习，如果长期不用，很快就会变得陌生，甚至被遗忘。

2.没有信心

很多朋友在学习记忆法的过程中，本身就持怀疑态度，因为把记忆内容通过谐音、拆分等转换成图像，本身转换和复原都很浪费时间，而且还曲解了原意，所以并不认同这样的方法，加上自己图像转换和记忆能力比较差，使用起来就更加困难，因此是没有信心学习的。

对于这样的朋友，我想先分享个小故事：先空掉杯子，才能倒满水。

有个人不远千里去请教有名的禅师，见到禅师就开始喋喋不休。禅师则默默无语，只是以茶相待。他将茶水注入这位来宾的杯子，满了也不停下来，而是继续往里面倒。眼瞅着茶水不停地溢出杯外，这人着急地说：“已经满出来了，不要再倒了！”禅师说：“你就像这只杯子一样，里面装满了自己的看法和想法。如果你不先把杯子空掉，叫我如何对你说禅呢？”

这个故事给了我们很大的启示：我们每个人的心，就像这个茶杯，如果装满了自以为重要的东西，利益、权力、知识，还有优秀、经验、骄傲……便再难装入更多的东西，一直自以为是，听不进别人的话，不愿意借鉴别人的思想和方法，也就无从学习，自然也很难超越和进步了。这个故事浓缩出来就是四个字：空杯心态。

在学习面前，永远保持空杯心态，先学习再怀疑，取其精华，去其糟粕，如果一开始就认为这是糟粕，那么你肯定很难从中找到精华，最终只是浪费了时间而已。古人云：既来之，则安之。既然来了就好好学习，学完之后再根据自己的情况和需要，选择性地吸收和使用，这样才能有收获。

经过实践后你觉得确实不适合自己，那么至少尝试过了，也就无怨无悔，但至少思维导图这个工具是不存在太多问题的，值得运用。

3.旧有思维和记忆习惯难以改变

我们从小的传统教育和考试试题大都是唯一性的答案，以致学生养成了唯一和定向的思维习惯，也没人教他们使用记忆法或者思维导图等学习工具，以致大多数学生都只会死记硬背，根深蒂固了几年甚至几十年，改变谈何容易，但是到底要不要变呢？同样分享一则故事：如何除掉杂草。

一位著名的禅师即将不久于人世，他的弟子们坐在他的周围，等待着师父告诉他们人生和宇宙的奥秘。禅师一直默默无语，闭着眼睛。突然他向弟子问道："怎么才能除掉杂草？"弟子们目瞪口呆，没想到禅师会问这么简单的问题。

一个弟子说："用铲子把杂草全部铲掉！"禅师听完微笑地点点头。另一个弟子说："可以一把火将草烧掉！"禅师依然微笑。

第三个弟子说："把石灰撒在草上就除掉了杂草！"禅师脸上还是那样的微笑。

第四个弟子说："他们的方法都不行，那样不除根的，斩草就要除根，必须把草根挖出来。"

弟子们讲完后，禅师说："你们讲得都很好，那么从明天起，你们把这块草地分成几块，按照自己的方法除去地上的杂草，明年的这个时候我们再到这个地方相聚！"

第二年这个时候，弟子们早早就来到这里。他们用尽了各种各样办法都不能铲除杂草，早就已经放弃了这项任务，如今只是为了看看禅师用的什么方法。禅师那块原来杂草丛生的地已经不见了，取而代之的是金灿灿的庄稼。弟子们顿时领悟到：只有在杂草地里种上庄稼，才是除去杂草的最好方法。

他们围着庄稼地坐下，庄稼已经成熟了，可是禅师却已经仙逝了。这是禅师为他们上的最后一堂课，弟子们无不流下了感激的泪水。

是的，要想除掉旷野里的杂草，只有一种方法，那就是种上庄稼。要想改掉旧有的坏习惯，最好的方法就是用一个好习惯替代，记忆和学习方法也是一样的道理。

第四章　快速阅读：十倍提升阅读效率

第一节　名人大都具备快速阅读的能力

阅读绝对不仅仅只是看书，更重要的是阅读知识的领悟过程，我们能够学到什么，悟到哪些，收获多少才是最重要的。

大凡成功者都是阅读者，那些名人，大都具备超强的快速阅读能力。

马克思为了写《资本论》阅读了1500多种书，在书中引用了十几个学科、数百个作者的观点。列宁所著《列宁全集》中引用自己看过的书高达16000多册。斯大林则要求自己每天至少阅读500页书籍。

美国前总统罗斯福、卡特、布什等都是快速阅读的高手，有些甚至是速读协会的成员，肯尼迪总统甚至提出过“平面凸显”的阅读方法，即眼睛就像照相机镜头一样，可以一次阅读一整页内容。

孙正义生病的两年，为了决定自己将来的事业方向，阅读了4000本书，后来登顶过世界首富。

我国两千年前就有速读的伟大人物，据《史记》记载，秦始皇“以衡石量书，日夜有呈，不中呈不得休息”。衡石量书是指古时文书用竹简木札，以衡石来计算文书的重量，用以形容君主勤于国政。衡石，泛指称重量的器物；石，古代重量单位，一百二十斤为一石。“衡石”为很高的分量。呈是文件、公文，此处引申为“定额，定量的文件”。

而华人首富李嘉诚在接受南方周末记者采访的时候也说：“我喜欢看书，什么书都看，这对我都有用，今天有用，明天也有用。所以，很多大事来的时候，我也能解决。”

联想集团创始人柳传志每天要进行约十万字的阅读，以便及时把握IT行业的高速变化。

新东方创始人俞敏洪酷爱读书，在北大上学的时候就跟着王强把每个月吃饭的费用节省出一半拿来买书，在新东方上市后，还坚持每个月阅读20本书籍。

伟人之所以伟大，一定是具备与常人不同的学习和思维模式，这些能力不是天生的，更多的是后天的学习和阅读得来的。反观我们大部分人的阅读量非常少，联合国曾经调查各国的人均年阅读量，中国几乎垫底，每年每人平均不到一本书，而阅读书籍数量排名第一的是犹太人，平均每人一年读书64本。

1955年，联合国把每年的4月23日定为“世界读书日”。

在美国，目前80%以上的高等院校都开设有快速阅读课程，许多中小学校都把快速阅读列入教学计划，使学生尽早掌握这种高效率的学习方法和工作方法。布什总统曾提出并由美国国会通过了一项决议，在之后的四年里政府为提高学生的阅读能力投资50亿美元，用于促进8~16岁的孩子广泛地提高阅读能力。

在英国，剑桥大学引进了哈佛大学的方法并加以改革，采用电影教学方式开办成人快速阅读训练班。

在法国，1996年《快速阅读课本》被定为教科书向全国发行。到20世纪70年代，快速阅读学被列入国家重点科研项目。80年代初，法国在全国中小学推行“创造性阅读法”。

1970年，苏联代号“量子—700号”的试验表明：经过一定时间训练的人，阅读速度能成倍增加。此后，快速阅读实验室、快速阅读学校在苏联各地纷纷建立，把快速阅读作为正式课程列入教学计划，取得了丰硕成果。

韩国政府在1981年12月颁布的“私设讲习法令”中，允许采用速读课程作为教学科目，在此基础上建立了速读学院、速读讲习。在韩国不论是政界、军警、教师还是企业界的各种组织，一旦取得速读讲师的资格，工资就会提升。

而成为专职速读讲师的人，其工资将比原来高出一倍。传授快速阅读的学校几乎遍布所有城市，仅汉城就有几十家。韩国每年都要举行“最佳速读竞赛大会”。

我国教育部《语文教学大纲》规定：

小学生 300 字/分钟。

初中生 500 字/分钟。

高中生 600字/分钟。

中考前课外阅读总量405万字。

高中要完成课外阅读总量1500万字。

在这个信息爆炸的时代，目前一个月新生于网络的信息量，可能超过20世纪前出版的所有的文字信息量。在这么大量的信息背后如何快速获取你需要的内容？我们大部分人的阅读速度在500字/分钟左右，由于原来传统的单字阅读方式，让我们的目光变得很短浅，让本来具有无限可能的大脑只能够跟着目光一起被局限住，要知道我们一眼可以看完一整个房间的布置，也可以一眼看完整片江山，只要你站得更高，就能看得更远、更广，所以练就更高速的阅读方式非常重要。

第二节　快速阅读的关键是主动提速

快速阅读训练看起来很复杂，其实你只要抓住两个核心即可，那就是把握目的，主动提速。

快速阅读的核心就是快，所以关键在于主动提速，因为每一本书基本上有70%的文字对你来说都是没用的，所以只要抓取对你有用的那些重点信息即可，也就是阅读前首先带着目的去阅读，目标是导航，阅读时候自然就会略过次要，抓住重点。

主动提速也很简单，就是原来是一个字一个字的点式阅读，现在就要变成一眼5~10个字甚至一行的线式默读，在提速过程中会带点紧张感而更加集中注意力，反而比慢速的单字阅读效果更好，而且快速阅读有利于瞬间记忆去把握住整体。

最简单的道理，当你这本书原来要10个小时才能读完，现在你快速阅读5倍速去读，也就是2小时读完，然后读5遍，你觉得哪个效果更好？肯定是读5遍吧！

有人担心速度太快是否容易忽略一些细节和要点，这是不会的，因为人的大脑本身有完形创造能力，比如下列这两个图像：

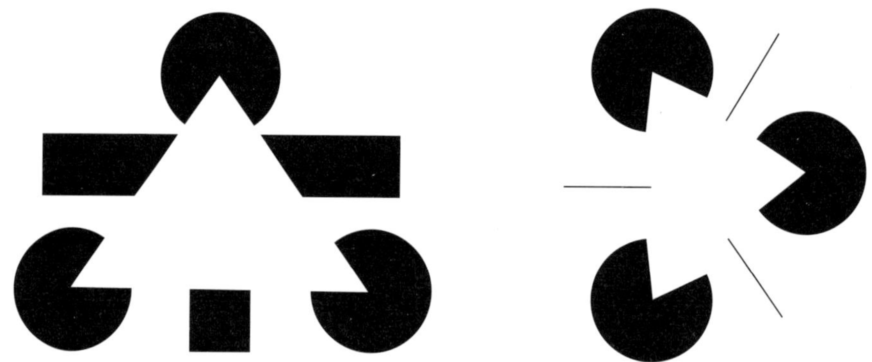

你是不是觉得中间都有个三角形，这是因为视觉系统不断进行完形计算而感受到的，这也是完形心理学的一个重要内容：当人们看见不完整事物的时候，大脑会根据对事物的完整概念进行补全。所以对于快速阅读忽略的细节，我们自然也会根据上下文内容进行思考补充完整，这个过程也锻炼了我们的想象力和创造力。

当然快速阅读训练也是一套完整的训练体系，国际上对快速阅读有级别与段位标准。

级别标准		段位标准	
级别	阅读速度	段位	阅读速度
十级	2100 字 / 分钟	一段	20000 字 / 分钟
九级	3000 字 / 分钟	二段	30000 字 / 分钟

续表

八级	4000 字 / 分钟	三段	40000 字 / 分钟
七级	5000 字 / 分钟	四段	50000 字 / 分钟
六级	6000 字 / 分钟	五段	60000 字 / 分钟
五级	7000 字 / 分钟	六段	70000 字 / 分钟
四级	8000 字 / 分钟	七段	80000 字 / 分钟
三级	10000 字 / 分钟	八段	90000 字 / 分钟
二级	12000 字 / 分钟	九段	100000 字 / 分钟
一级	15000 字 / 分钟	十段	150000 字 / 分钟

注：以上标准为国际速读协会制订，以上阅读对读物内容的理解记忆测试方式为笔试，试卷共计20题，总分100分（其中主客观题各半），得分达到60分以上者为合格，方能获得相应的级别或段位。

一些人经过系统专业的训练，阅读速度最高可以达到15万字/分钟，而经过右脑开发的小孩甚至能够进行1秒一页的波动速读，当然普通人坚持练习达到3000字/分钟是比较容易的。

传统阅读和快速阅读方式的对比如下图所示。

传统阅读	VS	快速阅读
○缺乏时间观念	⟶	计时限时阅读
○没有阅读方法	⟶	高效阅读方式
○视野狭小	⟶	增大识别间距
○指读朗读回读	⟶	读直映图像
○注意力不集中	⟶	高专注度
○坐次与呼吸	⟶	良好的坐姿与呼吸
○点式阅读	⟶	线式、面式阅读

首先必须克服的几种不良习惯：

（1）音读。音读主要是读出声，还有默读，默读即在大脑中发声。音读最大的问题就是使阅读速度和说话一样慢。当然默读在前期是可以的，要去除默读需要特别大量的训练，在第四阶段进行一目多行训练之后就可以开始慢慢去除默读的习惯了。

（2）逐字阅读或指读，手指容易挡住视线，而且没有眼睛敏捷，会降低阅读速度。

（3）纠缠生字和回读，发现要学习的关键内容，可以回读加强。

（4）分心神游，阅读时候眼睛看书，大脑却想着其他事情，根本没有看进去。

（5）死读书，读死书。和死记硬背一样，只读不理解。

（6）不良姿势，趴桌子，弯腰驼背等，很容易得颈椎病导致脖子疼痛。阅读时一定要注意保持姿势端正挺腰直背，书籍以距眼睛30～40 厘米为宜。每隔 1 小时要起身活动一下，保持身体和大脑有足够的活力。

第三节　快速阅读训练准备与检测指标

1.准备阶段

（1）准备计时器和记录本及要阅读的书籍，明确自己看书的目的，要学习哪些内容。

用计时、限时阅读训练激发自己的时间紧迫感和阅读效率感，就像打游戏一样，每次都有进步或者晋级，这样练习起来才过瘾。

（2）提高专注力，想象全身心放松，配合阿尔法脑波音乐进行前面提到过的黄卡训练。保持良好心态，暗示自己可以读得快、记得牢。

2.练习阶段（配合眼肌训练图）

一阶：点式阅读，训练步骤1，2。二阶：线式阅读，训练步骤3，4。三阶：面式阅读，训练步骤5，6。

快速阅读主要是改变我们传统的逐字逐句的阅读习惯，从单字阅读为多字点式阅读，再到从一行到多行的线式阅读，甚至是半页或者整页面式阅读。开始时，眼睛还不能习惯这种方式，所以需要配合进行眼肌训练，让目光不再在单字上停留，而是在多字到半行，一行甚至多行的文字上停留，经过训练使得眼睛接受文字信息的速度达到与大脑思维速度同步的地步。

另外进行眼肌训练和快速阅读还能够预防近视，由于不是传统地“盯”着一个字看，而是左右上下快速扫描式阅读，眼球得到了良好的锻炼，起到了保健作用。

每次训练都要进行检测，否则有速度没效果是没用的。

3.检测指标

第一项指标：阅读速度=××字/秒

阅读速度一般可以采取两种检测方式：限时阅读和限量阅读。限时阅读即限制时间进行，如一篇短文限时3分钟读完，相同时间尽力阅读更多文字。限量阅读，比如整本书阅读其中5页进行计时，看用时多少，不断压缩时间。

第二项指标：理解率=××%

指快速阅读一遍后，能够回想到多少文章内容和细节。

为了保证记忆率，建议刚开始时阅读1分钟做一次回忆，进行检测和记录，确保记忆率在60%以上，才增加到3分钟做回忆检测，达到了之后接着增加到5分钟或者更长时间，因为快速阅读更多的是瞬时记忆，所以检测时间间隔不宜太长，如果能结合记忆法，并且前期经过想象联想等训练，效果会更好一些。

也可以使用下列方式进行检测（对应上述的练习阶段）：

阶段1：以一页为单位进行记录和检测；

阶段2：以5页为单位进行记录和检测；

阶段3和4：分别以5页和10页为单位进行记录和检测；

阶段5和6：分别以半本书和一整本书为单位进行记录和检测。

主要回忆内容要求如下：文章的标题及作者。

文章的基本内容，涉及的人、事、物等。

文章所涉及的重要事实的时间、地点、经过等。个人的读后感，受到的启发。

理解率的衡量标准大致如下：

（1）什么也回忆不出，理解和记忆程度为0。

（2）能回忆出与文章中心思想无关的只言片语，理解和记忆程度为10%~30%。

（3）能就某一部分写出大致内容，理解和记忆程度为40%~50%。

（4）尽管有的部分漏得干干净净，但是大部分内容能具体地写出来。或者能概要地写出整体性的内容，理解和记忆程度为60%~70%。

（5）漏掉很少，能按照原文正确、具体地写出内容的发展过程，理解和记忆程度为80%~90%。

（6）几乎能相似地写出原文，理解和记忆程度为100%。

（能达到第4个标准就算合格）

第三项指标：阅读效率=阅读速度×记忆率

这是一项综合指标，是第一项和第二项指标的乘积，理论上记忆速度和准确度是成反比关系的，所以我们要在这个训练过程中寻找最佳的平衡点，不能盲目地为了速度而没有记忆效果，也不能为了记忆效果而不敢提速，最佳方法是两者交叉进行，可以十分钟为单位，先力求准确地阅读十分钟，但是速度也不能太慢，不要低于你正常速度的80%。接着再用十分钟进行加速阅读，建议增加到原有速度的120%左右，不能盲目太快。这样交叉训练几次就能够有效地提高速度和记忆率，以达到最好的阅读效率。

第四项指标：提高指数=末次阅读效率/第一次阅读效率

通过这个指标，我们更能一目了然地看到你每一次练习所取得的进步。这个指数应该大于1，坚持每天进步一点点，并且随着练习的深入提高，它与你上一次的提高指数相比，总的来说应该是呈上升趋势的。

当然，由于某些原因，可能你的成绩会出现暂时的停滞或下降现象，但是一定要相信这个只是自然界的正常现象，如同峰峦起伏，暂时的下行只是为了让我们去攀登更高的山。

每次阅读练习都做好以下记录表。

训练时间	文章题目	字数	阅读速度	理解率	阅读效率

以下训练素材均来源网络，训练开始前按下计时秒表，看完后停止计时，进行回忆对比，记录好时间、计算阅读速度和效率等，填在如上图一样的记录表。

第四节　快速阅读眼肌实战训练

快速阅读的眼肌和实战训练如下步骤：

1.一眼三五个字

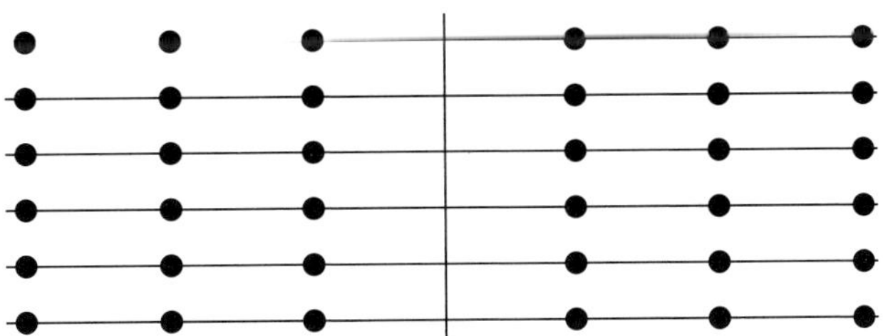

实战训练1，本文132字。

人骑自行车，两脚使劲踩1小时只能跑10公里左右；

人开汽车，一脚轻踏油门1小时能跑100公里；

人坐高铁，闭上眼睛1小时也能跑300公里；

人乘飞机，吃着美味1小时能跑1000公里。

人还是那个人，同样的努力，不一样的平台和载体，结果就不一样了。传统阅读方式和快速阅读方法也是一样的道理。

2.一眼10个字左右到半行

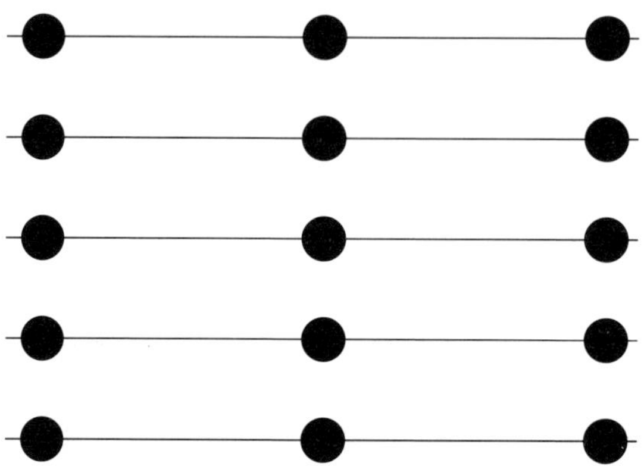

实战训练2，本文124字。

有个老人爱清静，可附近常有小孩玩，吵得他要命，于是他把小孩召集过来，说：我这很冷清，谢谢你们让这儿更热闹，说完每人发三颗糖。孩子们很开心，天天来玩。几天后，每人只给2颗，再后来给1颗，最后就不给了。孩子们生气地说：以后再也不来这儿给你热闹了。老人清静了。

有时候传统的处理方式并不见效，逆向思维一下，可以得到意想不到的效果。

3.一眼一行，线式阅读

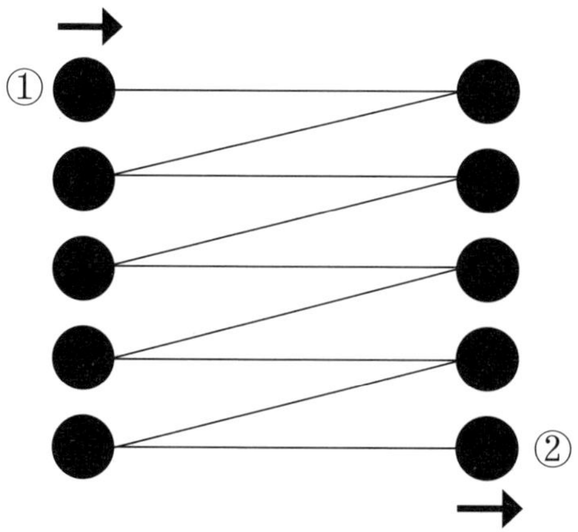

实战训练3，本文149字。

多少人，没熬过那3厘米！

竹子用了4年的时间，仅仅长了3厘米，在第5年开始，以每天30厘米的速度疯狂地生长，仅仅用了6周的时间就长到了15米。其实，在前面的4年，竹子将根在土壤里延伸了数百平米。做人做事亦是如此，不要担心你此时此刻的付出得不到回报，因为这些付出都是为了扎根。

人生需要储备！多少人，没熬过那3厘米！

4.一眼2行到5行

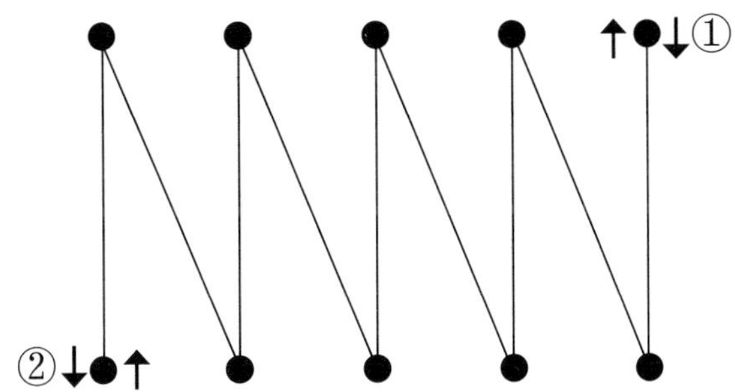

实战训练4，本文459字。

鞋子里的硬币

有一个教授和一个学生在田间小道上散步，突然看到地上有双鞋，估计是附近一个农夫的。学生对教授说：“我们把鞋藏起来，躲到树丛后面，看看他找不到鞋子的感受怎么样？”

教授摇摇头：“我们不能把自己的快乐建立在别人的痛苦之上，你可以通过帮助他给自己带来更多快乐。你在每只鞋里放上一枚硬币，然后躲起来观察他的反应。”学生照做了，随后他们躲进了旁边的树丛。

没多久，一个农夫来到这里，把鞋往脚上套去。突然，他脱下鞋弯下腰，从里面摸出了一枚硬币，脸上一下充满了惊讶和欣喜。他又继续去摸另一只鞋，又发现了一枚硬币。这时，教授和学生看见农夫激动地仰望着蓝天，大声地表达着自己的感激之情，话语中谈到了生病无助的妻子、没有东西吃的孩子……

学生被这个场景深深地感动了，他的眼中充满了泪花。这时教授问：“你是不是觉得这比恶作剧更有趣呢？”

学生说：“我感觉到了以前从不曾懂得的一句话——给予比接受更快乐！”

这个故事告诉我们：一切快乐，都是从利他而产生的；一切痛苦，都是因利己而引起的。人若明白这一点，并试着去改变，得到的幸福会更快、更长久……

5.一目十行

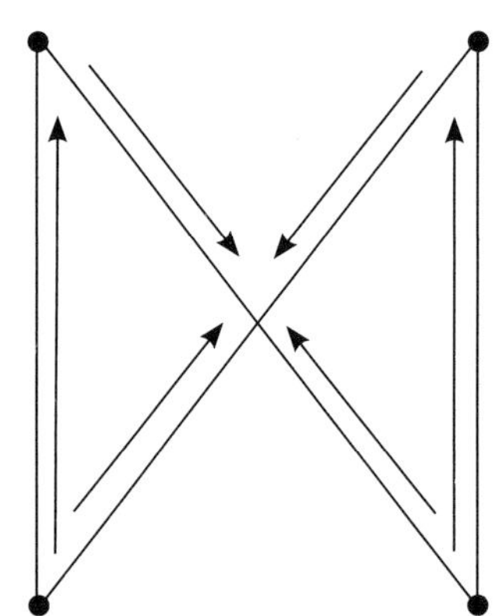

实战训练5，本文916字。

名人读书法

1.鲁迅的读书法

鲁迅在博览群籍的基础上，形成了有自己特色的读书方法。一是泛览，他提倡博采众家，取其所长，主张在消闲的时候，要“随便翻翻”。二是硬看。对较难懂的必读书，硬着头皮读下去，直到读懂钻透为止。三是专精。他提倡以“泛览”为基础，然后选择自己喜爱的一门或几门，深入地研究下去。否则，读书虽多，终究还是一事无成。四是活读。鲁迅主张读书要独立思考，注意观察并重视实践。他说：“专读书也有弊病，所以必须和社会接触，使所读的书活起来。”他还主张用“自己的眼睛去读世间这一部活书”。五是参读。鲁迅读书不但读选本，还参读作者传记、专集，以便了解其所处的时代和地位，由此深化对作品的理解。

2.苏步青的读书法

著名数学家苏步青主张读书要多读、精读。他读书时，第一遍一般先读个大概，第二遍、第三遍逐步加深理解。他就是这样来读《红楼梦》《西游记》《三国演义》的。他最喜欢《聊斋》，不知反复读了多少遍。起初，有些地方不懂，又无处查，他就读下去再说，以后再读就逐步加深了理解。苏步青读数学书也是这样的，他总是边读边想，边做习题，到读最后一遍，题目已经全部做完。他认为，读书不必太多，要读得精，要读到你知道这本书的优点、缺点和错误了，这才算读好、读精了。

3.华罗庚的读书法

华罗庚是靠刻苦自学成长的数学家，他的读书方法有独到之处。

用慢功夫打基础。华罗庚初中毕业后自学高中内容，先用慢功夫打好基础，再逐步加快进度，他用五六年的时间才自学完高中内容。由于学得扎实，到清华大学没多久，他就听起了研究主课程。

“厚薄”法。华罗庚把读书过程归结为“由厚到薄”“由薄到厚”两个阶段。当你对书的内容真正有了透彻的了解，抓住了全书的要点，掌握了全书的精神实质后，读书就由厚变薄了，愈是懂得透彻，就愈有薄的感觉。如果在读书过程中，你对各章节又做深入的探讨，在每页上加添注解，补充参考资料， 那么，书又会愈读愈厚。因此，读书就是由厚到薄，又由薄到厚的双向过程。

推想法。一本书拿到手后，华罗庚先对着书名思考片刻，然后开始闭目推想：这个题目如果自己来做，该怎么做。待一切全部想好后，再开始阅读。凡是已经知晓的内容，很快浏览而过，专门去读书中那些新的独到的观点。这样，华罗庚博采众长，得益很多。

6.一眼一页

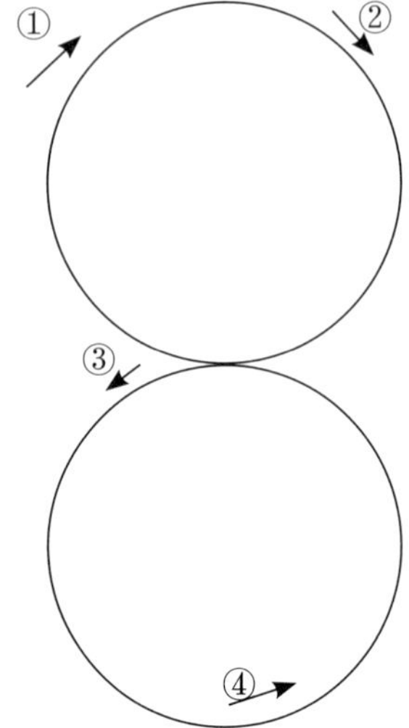

实战训练6，本文1628字。

真正的教育，根本不是发掘人的第一，而是发现人的唯一

我们都听过这么一个故事。

一个老师问全班同学，同学们，世界上最高的山峰是哪个山峰？ 大家异口同声：珠穆朗玛峰！

老师听完，满意地点点头，然后立刻问：各位，那第二呢？

全班哑口无言，鸦雀无声，于是，老师笑笑说：你们看到了吗？这个故事告诉我们，每一个人在任何比赛和考试中，都要去争夺第一名，因为，第二名永远没人记得。

故事讲完了，励志吗？

好了，接下来，我想继续讲完这个故事。

两年前，我把这个故事同样说给了几个美国学生，你知道他们是怎么回答的吗？

第一位同学：老师，为什么我们非要别人记得，自己尽力努力过不就可以了吗？

第二位同学：第一名只有一个人，如果都去争第一，那谁得第二？得了第二不是会难受吗?

第三位同学：对啊，得第二难道不应该很开心，而且被表扬吗?

最后一个同学直接用现实反驳我，他说，老师，谁告诉你大家都不知道第二高峰是什么的，第二高的峰叫作乔戈里峰， 它的高度是8611米。我暑假刚和爸妈去过。

他们的答案瞬间让我震惊了，忽然，我开始反思中国这么多年的“第一名教育”，这些年，我们不停地教育学生第一名的重要性，逐渐忘记了，这个世界上，任何比赛的第一名都只有一个，可是第二第三到几百确是大多数；我们过分地去宣传高考状元，却忽视了很多高考失利的人竟然在今后的生活里也能出类拔萃；我们一味地去追求金牌，却忘了银牌、铜牌也是拿汗水泪水拼搏出来的。

每个比赛都去争夺第一名，真的那么重要吗?

原来我在读书的时候，长辈总跟我讲木桶效应：他们不停地强调着我们一定要注意短板，有短板是装不了太多水的，所以，一定要全面发展，可是，现在这个世界真的是这样吗?

其实，并不是。

我们会发现，如果有短板，完全可以通过倾斜桶去保留更多的水，完全可以找一个更大的容器把自己放进去，也可以找一个木匠做一个密封套。

你会发现无论是牛人还是大公司，都会有自己的短板，有短板的时候不是要全力去把它变长，而是要用合作的方式取长补短。慢慢地我们发现，这个世界缺的根本不是第一名，要的不是全面发展，需要的，是你是否不可替代。

这些年，所有的媒体都在报道高考状元，仿佛他们就是人生的赢家，仿佛考试得第一名就是人生的最终目标。

但事实呢?

中央教科院在2011年做过一个调查，叫作“上海教育”，里面有这样一句话：“我们调查了恢复高考以来的3300名高考状元，没有一位成为行业领袖。”不止如此，他们还有另一个调查结果：“调查了全国100位科学家、100

位社会活动家、100位企业家和100位艺术家，发现除了科学家的成就与学校教育有一定关系外，其他人所获的成就和学校教育根本没有正相关关系。”

相反，这些年，我们惊奇地发现，一些人，虽然学历不高，却靠着自己的一技之长和不可替代性，在这个世界崭露头角，他们没有考过第一名，甚至都不是老师眼中的好学生，有些人连学历都没有，竟然通过自己的努力改变着这个世界。

这意味着什么？

意味着这些年，我们总是强调第一名的教育观，是错的，我们不停地给学生划阵营，说这些人是好学生，这些人是坏学生，也是错的。

每一个学生、每一个人，都有自己的独一无二性，真正的教育，根本不是发掘人的第一，而是发现人的唯一。

随着互联网的发展，这个世界的分工会越来越细，任何一个人，无论学历高低，无论读书多少，只要能在自己擅长的领域里插上一面旗帜，就是第一名，就是冠军，就应该被关注，被表扬，被重视。

每一个冠军的背后，都有着更多的人，每个人完成更细的分工，他们也是冠军，也是自己领域的第一名。

就像一部电影的成功与否，不仅是导演的功劳，也离不开编剧的剧本、演员的投入，还有无数幕后的工作人员，他们共同做好了本职工作，虽默默无闻，但你能说，他们不重要吗？

他们也是英雄，虽然不是第一名，但也应该被重视。

愿我们的教育里，少用第一，多用唯一，少表扬冠军。毕竟，每一个参与过比赛，每一个坚持到最后，每一个努力的人，都应该得到体面的重视。

本文作者李尚龙：青年导演、编剧、作家。

本文节选自选其微博：@尚龙老师。

当然以上眼肌训练并不需要按步骤依次训练，这样容易眼疲劳，可以交叉进行，只是在不同阶段对应的眼肌训练可以相对多一些。网上有很多训练快速阅读的软件，有些甚至是免费的，比如飞客视读就不错，是公益的，特别推荐速读爱好者下载使用。

扩大视野是个必需的训练，否则很难提速到1000字/分钟。有些人确实不习惯一眼看几个字，难以扩大视野，可以使用两张卡片分别挡住两边（最好是纯色的比如后白纸封皮等，不至于分散注意力），只看一行字最中间的1个字，这个字刚好显示在两张卡片的中间，然后眼睛固定聚焦在这个字上面不动，把卡片向两边拉开，眼睛余光看到两边各多出来的几个字。依次这样训练，能够看一下子看5个，7个字，直至1行。

能够一眼看一行后，可以把卡片挡住该行的上下，眼睛聚焦在这行上面，然后卡片分别往上下移动一行，这样余光一眼看3行，接着是5行、7行直至一页。注意上述的看，不是说看见了就可以，每次提高这“看”一眼的视野内容都要检测是否记住了，否则单纯看见了又没有记住那就没有意义。建议每天至少训练一个小时，不要中断。

还有一种方式就是练习3D眼，也就是之前说过的肯尼迪总统提出的“平面凸显”的阅读方法，看过最强大脑魔方墙和星际迷航的观众觉得很神奇，但其实这个项目考验的只是对眼肌的控制，能够把两张一样的图片重合到一起，形成一张凸起来的3D图片，而不重合在一起的几个闪亮点就是不同的位置点。

请读者朋友试一试彩插5是否能够用3D眼看出隐藏在里面的3D图形。

如果能运用3D眼，就可以看到彩插6中间是两个凸出来的红心。

运用3D眼对两张图进行重叠出中间第三张图，就会发现第11行第15个图在闪动，因为这两个方框颜色不一样，左图是红色，右图是黄色，两个不同颜色无法重叠，这样很容易就找到了。有兴趣的朋友可以试一试彩插7，有两个点是不一样的，看看你是否能够快速找出来。

当你能够一眼看3行之后，大脑默读的问题就会慢慢消失的。

再次提醒训练快速阅读的要点：

每天至少训练1小时，不要中断，一般21天左右可以达到3000字/分钟。

每次训练都要做记录，记录阅读速度和记忆率。

每天阅读结束后都要计算整体阅读效率和提高指数。

快速阅读我们当然希望能够达到看一遍就能够理解到60%，只是在高速阅读的情况下，多多少少总会有一些重点和细节丢失，所以对于喜欢的书籍，特别是那些要考试的内容非常有必要多读几遍，根据艾宾浩斯遗忘规律曲线阅读复习效果更好。

复习	时间
第一次	20 分钟
第二次	1 小时
第三次	2 小时
第四次	1 天
第五次	1 周
第六次	1 个月
第七次	3 个月

有很多朋友学习快速阅读不仅仅是扩大阅读量，更是为了把握精髓，能够学以致用，有的甚至是为了考试，比如一些从业资格证，这样一来就不是单纯训练快速阅读就可以做到的了，快速阅读更多的是笼统地进行了解，要达到能够考试答题和学以致用的程度，还需要进行内化，深入地理解分析，把握整体和各个关键的知识点……如何能够快速达到目标，接下来为大家献上风靡全球的学习工具——思维导图。

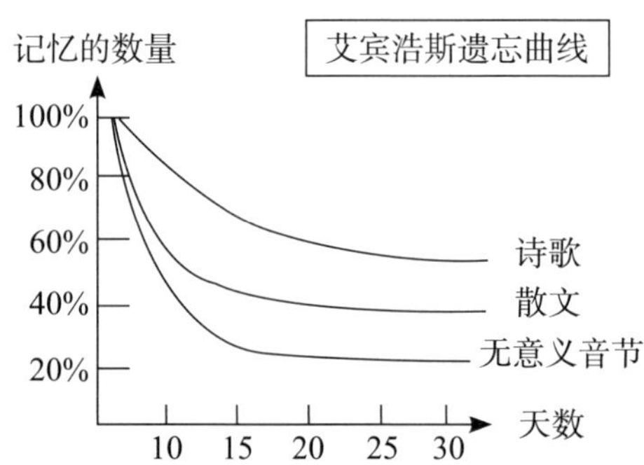

第五章　思维导图——左右脑并行高效学习

第一节　托尼·博赞发明了思维导图

开始学习之前先认识一下思维导图的创始人：托尼·博赞，他创造了思维导图，而思维导图也造就了他。

托尼·博赞，1964年毕业于美国哥伦比亚大学，拥有心理学、语言学和数学多种学位，在大脑和记忆方面是超级的作家，他出版了80多本书籍，并且是世界记忆锦标赛的创始人，被全世界学生们称为“世界记忆之父”和“记忆大师”。

他是英国头脑基金会的总裁，世界著名心理学、教育学家。他因发明“思维导图（MindMapping）”这一简单便捷的思维工具，以大脑先生（Mr. Brain）闻名世界，曾因帮助英国查尔斯王子提高记忆力被誉为英国的“记忆力之父”。他是著名的大脑潜能和学习方法研究专家，世界记忆锦标赛和世界快速阅读锦标赛创始人。他是全球的公众媒体人物，在英国和国际电视台出现的时间累计超过1000小时，拥有超过3亿的观众和听众。

英国、新加坡、墨西哥、澳大利亚等国家争相聘请他担任政府及政府机构顾问。同时，他还在微软、IBM、索尼、三星、甲骨文、摩根、英国电讯等知名跨国公司担任商务顾问。除此以外，这位国际心理学家委员会委员还身兼国际奥运教练与运动员的顾问，以及英国奥运划船队及西洋棋队的顾问。（资料来源：百度百科）

大致了解完这个创始人，你一定非常感兴趣到底什么是思维导图？我们先看看作为每个人思维核心的脑细胞是个什么形状（下图）。

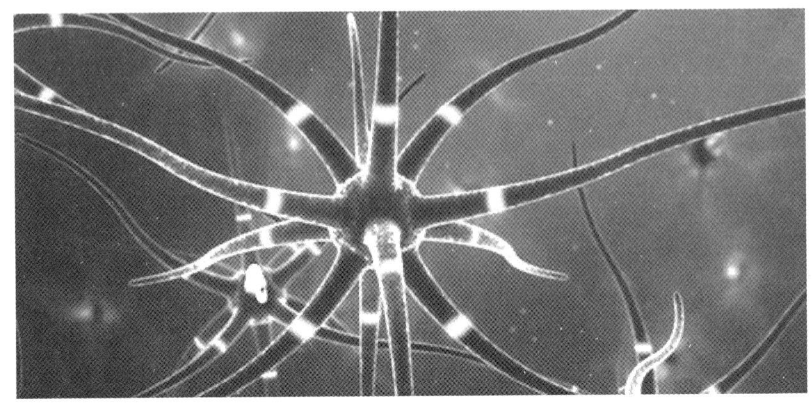

对比一下，思维导图创始人托尼·博赞绘制的关于水果的思维导图。

两者具有极高的相似度，思维导图充分运用了左脑的逻辑、顺序、符号、分析，以及右脑的想象、图像、色彩、创造等，也就是思维导图基于对人脑的模拟，它的整个画面正像一个人大脑的结构图（分布着许多“沟”与“回”），突出了思维内容的重心和层次，强化了联想功能，正像大脑细胞之间无限丰富的连接。遵循一套简单、基本、自然、易被大脑接受的规则，可以

把一长串枯燥的信息变成彩色的、容易记忆的、有高度组织性的图画。而我们对图像记忆的能力远高于抽象的文字记忆。

总的来说思维导图综合运用了中心和各分中心的发散性思维，极大地活跃了人们的思维广度和完整度。

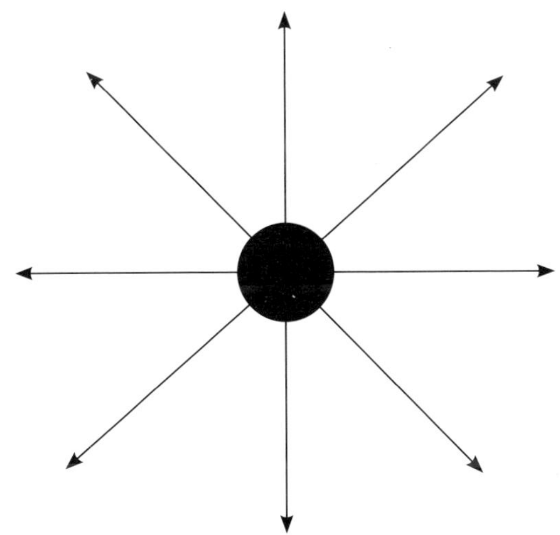

还有各分支线条上的线性逻辑思维，更好地促进了思维长度和深度。

第二节　思维导图的优势

思维导图各个中心主题明确，思路清晰，条理清楚，重点突出，细节分明。

有些人把思维导图称为脑图、心智地图、脑力激荡图、灵感触发图、概念地图、树状图或思维地图，不过核心是一样的，都是一种左右脑并用的图像式的思维工具。

有人对思维导图的益处进行了以下总结，它可以帮助你：登高远望，胸有全景；计划周密，果断决策；信息丰富，思如泉涌；发散思维，标新立异；

总揽全局，把握细节；举重若轻，尽享人生。

据说全球有6亿人在使用思维导图，包括世界首富比尔·盖茨，谷歌创始人拉里·佩奇，股神巴菲特，亚洲首富孙正义，华人首富李嘉诚等。

知名企业如微软、IBM、甲骨文、惠普、波音、通用、施乐、3M、强生、汇丰、高盛、摩根大通等世界著名公司已将思维导图作为员工的必修课之一。

在世界知名高校，例如哈佛大学、牛津大学、剑桥大学、清华大学等，思维导图是一种常用的教学工具。

欧美发达国家都在校普及思维导图，而新加坡更是将思维导图作为从幼儿园到大学的必修课程，我国也有很多学校已经开始普及和运用思维导图。

下面看看思维导图在知名企业中的应用。

波音公司将《飞行维修工程手册》绘制成25英尺长的思维导图，把原来需要3年才能完成的工作，缩短为6个月，每年节省近1100万美元的员工培训费用。

纽约电力局用思维导图处理911事件后的水电维修危机。

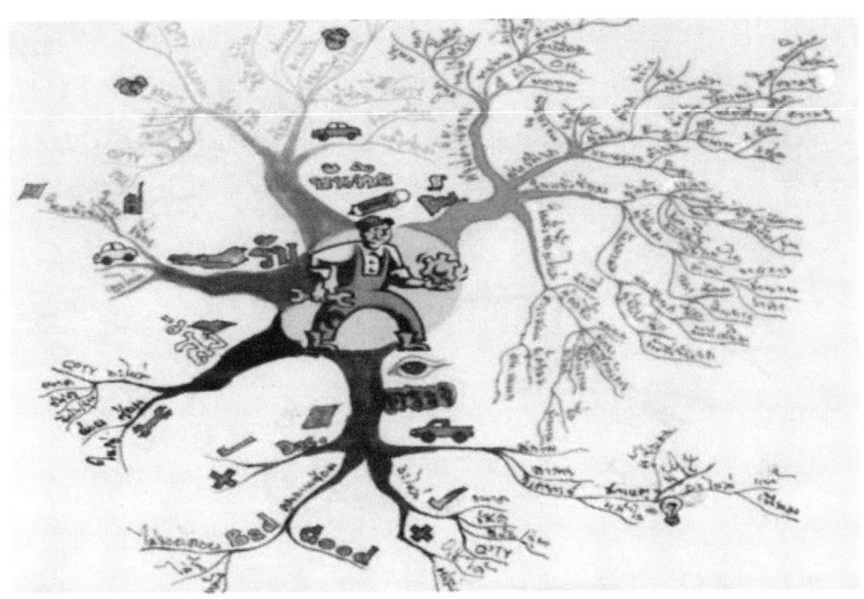

对于我们个人来说，思维导图最直接的运用是做笔记，比如阅读笔记、课堂笔记、会议记录等，托尼·博赞在经过长期的研究和实践后，发现思维导图对比传统笔记，具有巨大的优势：

（1）只记忆相关的词可以节省时间50%到95%。

（2）只读相关的词可节省时时间90%以上。

（3）复习思维导图笔记可节省时间90%以上。

（4）不必在不需要的词汇中寻找关键词可省时间90%左右。

（5）集中精力于真正的问题。

（6）重要的关键词更为显眼。

（7）关键词并列在时空之中，可灵活组合，改善创造力和记忆力。

（8）易于在关键词之间产生清晰合适的联想。

（9）做思维导图的时候，人会处在不断有新发现和新关系的边缘，鼓励思想不间断和无穷尽地流动。

（10）大脑不断地利用其皮层技巧，起来越清醒，越来越愿意接受新事物。

……

简而言之，用思维导图做笔记可以大致分为以下4个层次：

模仿阶段

按照作者的写作思路、原文内容，用导图的形式把重点画下来，用较多的原文关键词，实际上就是简洁的模仿。

归纳整理阶段

画完导图后，运用了较多的自己归纳的词语，可以增加独立思考和系统的整体把握能力。

去粗取精，升华阶段

对整理好的导图进行进一步思考，对原有内容进行精简，取其精华，去其糟粕，对于精华内容进行发散性和延伸性的思考，让原文起到抛砖引玉的作用。

创造创意阶段

去粗的时候思考如何变精，取精时候思考如何更精，激发出具有创新性的想法，能够发现解决原文的问题和不足，创造出更好的方案。

第三节　绘制思维导图

思维导图具有如此巨大的价值，那么如何绘制呢？

简单来说，思维导图绘制可以归纳为四步法：

（1）中心主题要明确。

（2）主干分支色分明（色指颜色）。

（3）关键词边带图形。

（4）去粗取精有创新。

具体来说思维导图有8个重要元素：

1.中心主题

中心主题位于思维导图的中心，是整个导图的核心，整个图形的绘制也是从这个中心按顺序开始。

2.关键词

关键词用来高度概括学习内容（知识点）或者表达自己重要观点的词语，建议每条引导线上只要一个关键词，尽量书写工整，容易辨认。

3.引导线

引导线就是从思维导图中心向四周放射出来的树状线条（特别注意主干要比分支线条更粗大），它们主要用来引导思路发展，指引阅读视线，用来连接上下级的关键词或者特别标注，让各个重点以线性连接，就像我们记忆使用桥连法一样建立联系，便于记忆。

4.色彩

每个主干分支的引导线使用不同的色彩可以增强视觉效果，而主干后的同一分支则采用同一种颜色以区分各分支要素。

5.图形

将文字和数字等加以图形（包括图像，代码及符号等）来代表，可以使内容更直观，形象而具体，更具有视觉冲击力，图像记忆可以大大提高记忆效果，而且思维导图本身就是一张图。

6.顺序

绘制思维导图一般从空白纸张的中心处开始写上“中心主题”，然后第一条引导线从右上方开始，按照时钟1到2点钟位置顺时针开始画分支，也就是按“中心主题→主干→分支”的顺序进行，各个主干也要按照顺时针方向来排列。当然也可以全部按照逆时针来排列，根据个人喜好，但是不要一会儿顺时针，一会儿逆时针，这样自己复习时就会很茫然。

7.空间布局

在绘制思维导图前，先快速阅读整体内容，在心里大概有个估算，预计有几个主干、分级、分支，每个需要留出多少空间。

8.补充加入自我感悟，把握整体和细节，深入思考，增加创新元素。

有专家对思维导图的绘制方法用一张图进行了比较细致的整理。

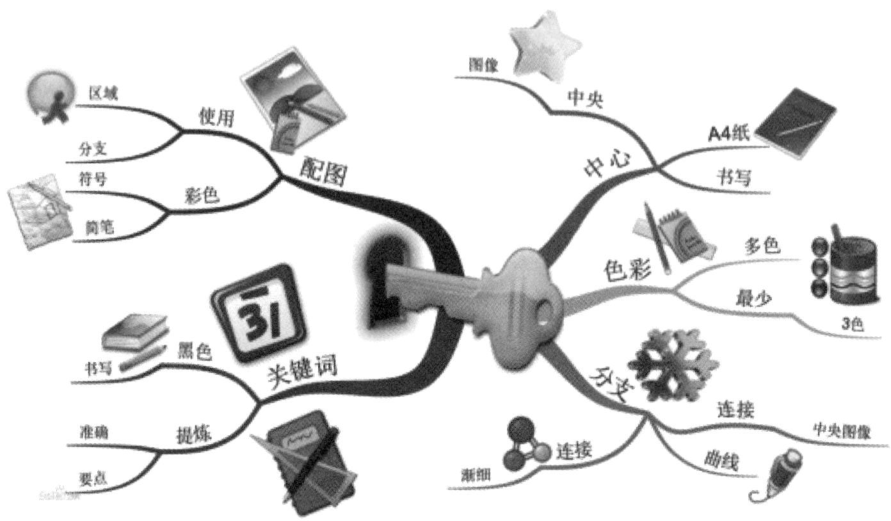

至此我们发现思维导图如果按照上述方法绘制，其实是比较费时费力的，这也导致了很多人了解思维导图，但是并不愿意去使用，所以我们建议使用简

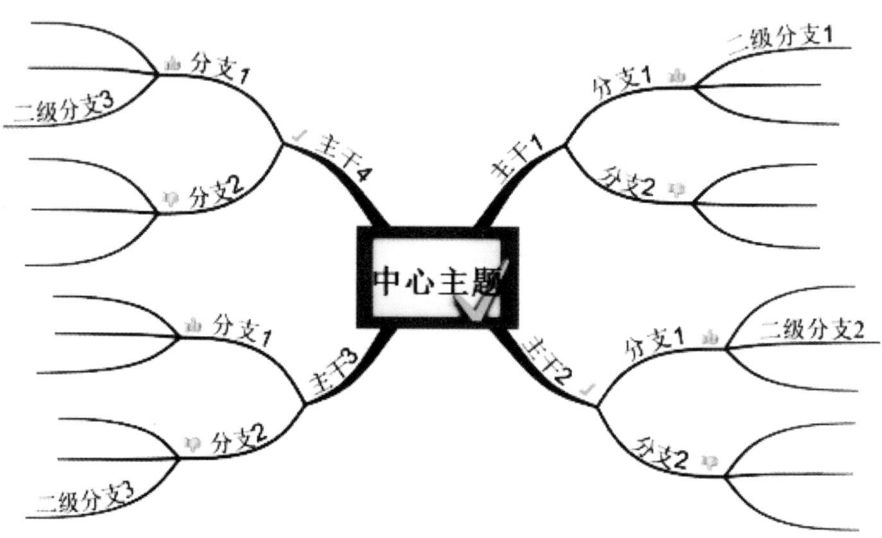

单导图，那就是你觉得怎么舒服怎么画即可，只要能够体现核心、完善整体、方便复习记忆就行，能够引申自己的创新思维更好。

我们的简单导图如下图所示，仅使用了我们最常用的黑色和蓝色2种颜色，二级分支甚至可以加成三级、四级分支进行延伸式的创新联想，也不用去费时间画图像，快速简洁、干净大方、省时易记。当然少数特别重要的关键词还是建议可以稍微加个简笔画上去，便于突出重点。毕竟绘画是门艺术，而且画画有助右脑的图像记忆。

当然各个分支可以分为分支1、分支2、分支3、分支4、分支5、分支6，但是最好不要超过7个，因为我们的记忆有个魔力之七，而且分支太多也影响美观，主干也是同样道理，尽量不要超过7个，超过的部分可以分类整理为一个分支，这也是思维导图的一个重要的归纳整理过程。

第四节　分步练习思维导图

初学者可以对思维导图进行分阶段分步练习。

1.发散思维训练

如果一个人只有一根筋，那么就有可能在一棵树上吊死，所以发散思维要多练习。生活中随时随地可以进行，比如对一些词汇或者物品，进行发散思

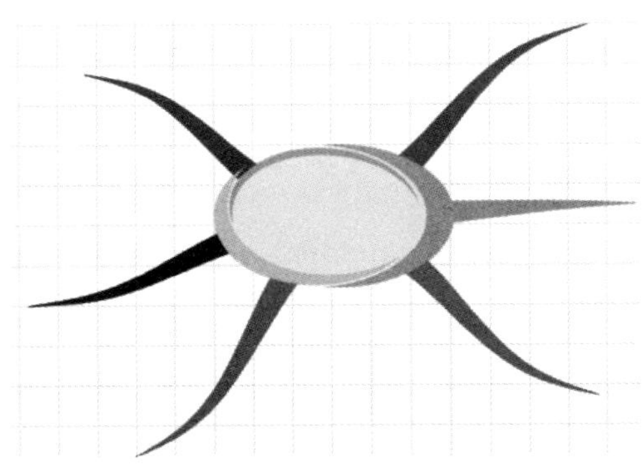

维，同时练习归类能力。例如花、草、虫、鱼等，对于植物和动物，可以从它的出现到成长，到观赏和使用等价值，还有最后的枯萎死去整个生命过程，以及相关的人事物进行发散性思考，无论是合理还是夸张， 能够发散得越多越好，多的肯定会超过7个，所以超过7个的可以进行归类成一个分支，比如鱼，按照颜色，按照深海和淡水等，按照有攻击性和无攻击性等都可以进行分类。

2.联想延伸式训练

对一些词汇和物品进行连续性思维的能力。比如山，可以联想到高山—泰山—珠穆朗玛峰—冰雪—雪山—南极……不要求合理，放开想象的翅膀，激发创意，尽量无限延伸你的思绪。

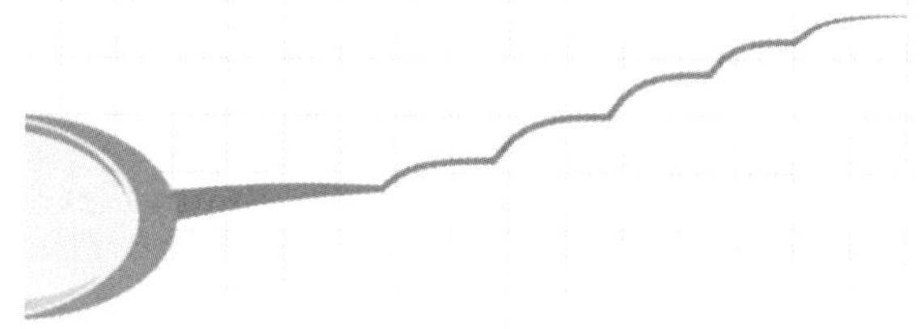

3.提炼关键词练习

这个其实也是快速阅读的重要内容。如何提炼关键词，在整个学习中可以说是处于核心地位。关键词其实就是重点，而且是精简的重点，是能够唤醒记忆的词语。 假如无法提炼到重要的关键词，那么你的快速阅读和思维导图都是徒劳，特别是对于中小学生而言，学会提炼关键词尤其重要，因为考试中经常出现要总结文章的中心思想。那么如何提炼关键词呢？

（1）注意文章标题和小标题，标题一般是一篇文章的核心，跟这个标题相关的大都可以作为关键词提炼。

（2）关键词是一个字、词、名句的概念，大部分是名词或动词，还有少数形容词和数量词。

（3）归纳词或者中心词，其他内容都是根据这个词语展开的： 在段首引领下文；在段中总结上下文或承上启下； 在段尾总结本段。

（4）分层提取，先理清语段层次，明确每层意思，然后逐层提取关键词。

（5）抓中心句法：有的语段有较明显的中心句（段首：引领下文；段中：总结上下文或承上启下；段尾：总结本段），然后在句中提取。

（6）重复词，语段中反复出现的“实词”很可能就是整个语段的关键词。

（7）不同类型文章的关键词比较显著，如记叙类：时间、地点、人物、背景等； 说明类：对象、特征、功能等；议论类：观点、论据、论证等；抒情类：情感线索，相关寓情于景的物等。

综合训练，绘制整章思维导图。

（1）概括主干，以较粗的线条绘制。

（2）与主干相关的关键词作为分支补充。

（3）与分支相关的关键内容作为下一级分支，以此类推。

（4）加入个人的理解和思考，完善导图。

思维导图在工作生活中同样应用广泛，比如在面试中。在这里特别提一下微软一个知名的面试题：井盖为什么是圆的？

当时很多面试人员在听到这个题目时，一定很郁闷，怎么有这种题目，它的答案会是什么？很容易就卡死在那里！中国的传统应试教育，一般都是有一个标准答案，突然来了一个开放式的问题，很多人就纠结答案是什么，导致无法回答，或者慌乱无章。

这道题目的原创者和面试官，就是当时的微软中国公司总裁、中国打工皇帝唐骏。这题目其实主要就是了解面试者回答问题、解决问题的思维方式，并不是要一个标准答案，因为唐骏说自己也不知道答案，这是纠结了他几十年的问题。

因为小时候在南方经常下大雨，人们就会把井盖打开，让流水快速从下水道冲走。当时他就带着这个问题，问他老爸，差点小学毕业的老爸回答得很有文化：井盖是圆的，这很简单，你不觉得，圆的最美吗？所以当面试者同样地回答圆形最美的时候，他很快就感觉这人和他老爸一样有文化。后来了他还问了业内很专业的人士，这个专业俗称搬运工。搬运工讲得非常专业：井盖是圆的，因为方便搬运，可以滚着走啊。所以有人回答，方便搬运，唐骏就会说他力学学得不错。

其实这道题目假如你会使用思维导图，运用发散思维来分析，就很简单。

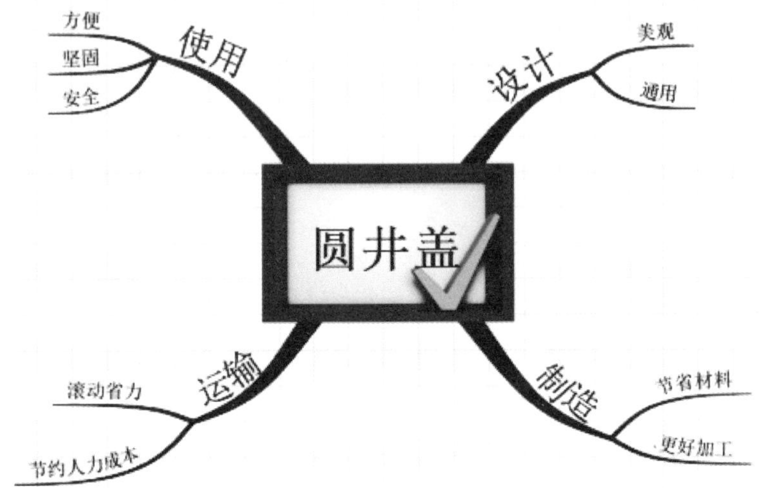

因为一个产品的诞生，一般都经历这样的过程：设计；生产制造；运输；投入使用。面试时候对每一部分进行剖析解释和延伸，就可以形成一个条理清晰、系统而相对完善的回答。

井盖为什么是圆的，因为：

第一，从设计来看，圆的最美观，而且绝大部分井盖都是圆的，所以通用性最强，市场需求量最大。

第二，从生产制造方面，同样面积的形状，圆形周长最短，也就是圆形最省材料，也最好加工，那么就更省成本，这也是大多数容器都是圆的重要原因。

第三，从运输来说，圆的可以滚动最方便，也节约人力成本。

第四，从使用角度看，圆的拆装更方便，而且圆受力面积均匀更加稳固，最重要的是排水时候打开井盖，井盖不会被冲下去井里，工人在维护时候下井也不会被砸伤，所以更加安全。

我想这样的回答，面试官一定是非常满意的，因为你不仅把控大局，还系统地阐述了每个细节，或许直接就聘请你当总经理了，至少也可以当个储备干部吧！

因此，从现在开始每天练习完快速阅读就把阅读内容绘制成思维导图，或者每天学习工作结束后，就给这一天用一张导图进行完美的总结和思考改进，喜欢写日记和不喜欢写日记的，都可以运用思维导图快速记日记了。

思维导图在学习课业中的应用也很广泛，比如2011年苏州文科状元梁嘉莉的思维导图笔记，虽然不是很规范，同一主干内色彩混用，但是不影响人家成为文科状元，也就是我们之前说过的：导图的绘制重在你个人感觉舒适，易记易用即可。

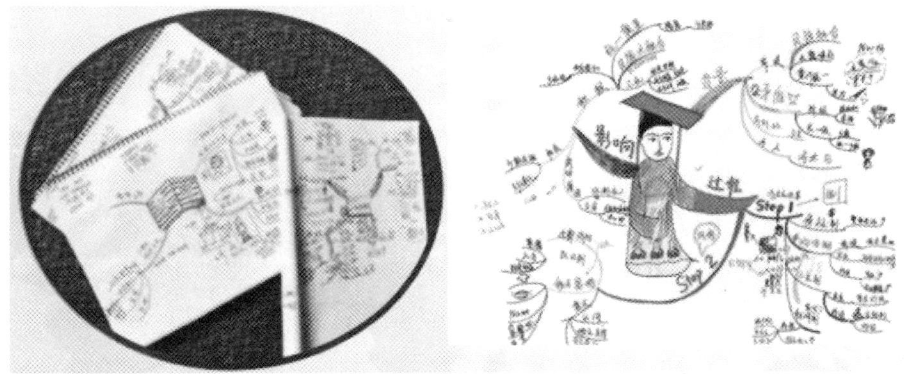

当然思维导图的应用远不只这些，托尼·博赞用思维导图例举了一大部分用途，详见下图。

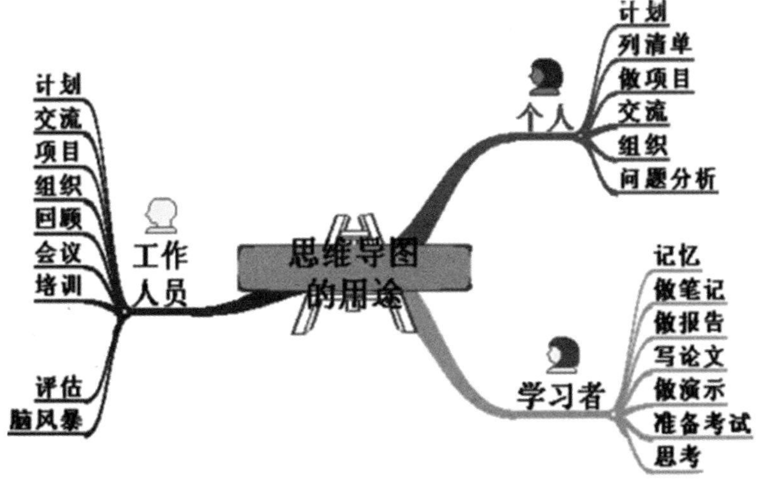

甚至有人把中国古代史画进了一张思维导图。

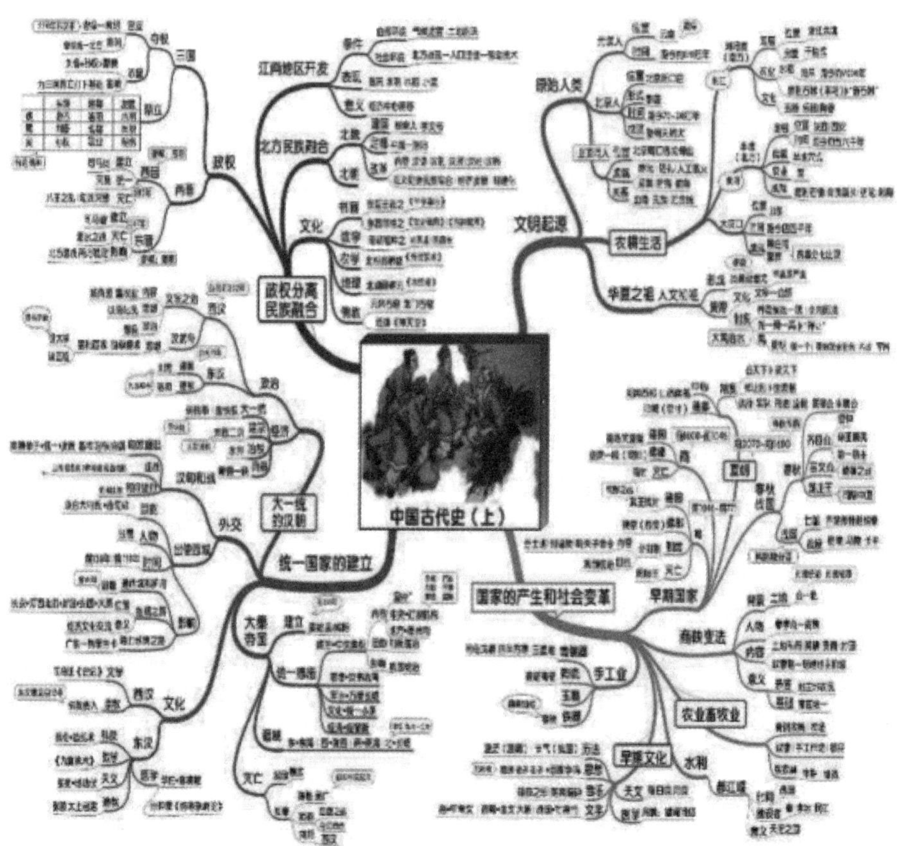

在面对如此繁多的知识点，一张导图的概括和系统整理确实比较直观，提炼出来的关键词可以让记忆量大幅减少，但是传统的死记硬背，甚至使用桥连法来记忆，也并不见得很轻松，所以接下来我们需要更高强的记忆方式——记忆宫殿。相信看过电视剧《神探夏洛克》《读心神探》或者江苏卫视的《最强大脑》的人对里面涉及的记忆宫殿一定印象深刻，特别是《读心神探》把记忆宫殿渲染得非常神秘，好像有一种超乎常人的神秘力量，训练不对还会让人“走火入魔”。

实战训练：快速阅读以下文章，绘制你的思维导图。

马云谈中国教育：有教无育导致孩子不会“玩”

另外，我也想和大家分享所谓的“创新”。我们经常讲美国、欧洲创新比我们好，中国创新不好，归根到底是教育的问题。其实我觉得，中国的教是没有问题的，育是有问题的。教，中国的学生全世界考试最好，但是我们的育是培养文化、情商。我毕业于杭师大，可能毕业于北大、清华的话，现在每天就在研究了。因为我是毕业于杭师院，文化是玩出来的，会玩的孩子、能玩的孩子、想玩的孩子一般都很有出息。我们是教，把育的东西拿走了。如果“新常态”下我们重新思考我们的文化，我们的育、我们的玩、我们的体育，这些东西才会不断出现。很多画家是玩出来的，很多运动员是玩出来的，很多作品都是玩出来的。所以，我们企业家也要学会玩。

关键词：教、育、玩

第六章　打造记忆宫殿，助你倒背如流

第一节　影视剧中的记忆宫殿

TVB电视剧《读心神探》中关于记忆宫殿的剧情大致是这样的：

剧中的重案组组长姚Sir在上学的时候，由于记不住书本上的知识所以成绩一直很差，经常被长辈臭骂，有一次考试之后，他又被长辈们说成绩太差而独自来到公园散心。这时，一个小女孩走了过来跟他聊天。他便把自己的心事告诉了女孩，虽然自己怎么读都记不住，但是很希望自己能够提高记忆力，考出好成绩，让大家刮目相看，替妈妈争气，不被人看不起。

听完后，小女孩有心帮他，现场让他写了20个词语，一会儿小女孩便记完了。在他的顶礼膜拜之下，小女孩告诉了他一个神奇的记忆方法——记忆宫殿法。通过想象，小女孩带领姚Sir一起进入了他大脑中的记忆宫殿。他们打开了房间的大门走了进去。小女孩告诉他，把自己的大脑空间想象成一座宫殿，宫殿里有很多房间，每个房间里有很多不同的位置，把要记忆的内容放在这些不同的位置上就能够快速记忆下来。

比如姚Sir要记忆汉朝的各个皇帝，打开房间的第一扇门，他们看到了汉高祖皇帝坐在眼前，他正在吃着汉堡，而他手边还放着一块蛋糕，吃了一顿丰盛的早餐，所以他的名字叫“汉糕祖”，也就是“汉高祖”了。而进入另一扇门，他们看见皇帝吃完饭后胃痛无比，所以名叫“惠帝”。接着打开另一扇门，这位皇帝胃痛时拿出一瓶药闻了一下就好了，所以叫“文帝”……越是鲜活生动的影像越是记忆深刻。

在小女孩的帮助下，姚Sir学会了这种记忆方法，记下了多个朝代的皇帝，连做梦都记得，后来加上自己的不断努力，学习成绩突飞猛进，从30分飙升到90分，甚至成了过目不忘的人，在单位里面被戏称为“超级电脑”。

剧中也介绍了记忆宫殿最早可以追溯到从公元前9世纪初开始的古罗马时代，当时还没有多少可以记录文字的东西，罗马人为了能够把智慧文明传承下来，就在每个房间内用一些固定的位置和物品来记忆相应的知识点，这就是最早期的记忆宫殿，也被称为“罗马房间法”。至于剧中说的记忆宫殿有神秘力量，会使用这种记忆法的人都莫名地消失或者被活活烧死，纯粹就是给剧情增加点神秘色彩而已。记忆宫殿在现代就是一种记忆术，只是活用了大脑对图像的快速记忆而已。

应用记忆宫殿，人们创造了非常多不可能完成的事情，比如：

从小就患有“阅读障碍症”的多米尼克·奥布莱恩（Dominic O’Brien），先后8次成为世界记忆锦标赛的冠军，还创造了一项吉尼斯世界纪录：每张牌只需看一次，用3个小时记住了54副打乱的扑克牌（2808张）的顺序。

在2006年11月20日14时56分的背诵中，中国的研究生吕超用24小时零4 分钟，不间断无差错地背诵圆周率至小数点后67890位，创造了背诵圆周率小数点后位数最多的世界纪录。

最强大脑上面的王峰创造了19.8秒记忆一整副打乱的52张扑克牌，超越了德国西蒙20.44秒的世界纪录。还有麻将、二维码、视网膜等最强大脑上的所有记忆类项目，几乎都是用的记忆宫殿法。记忆宫殿好像可以记忆万事万物，真是让人大开眼界，而那些选手也被当成神一般的存在。

还有很多人能够用3小时左右就记完整本《道德经》，而四六级英语单词，甚至牛津英汉词典都能够任意点背，倒背如流，也是靠的记忆宫殿。

第二节 快速记忆地点桩

记忆宫殿如此神奇，可记忆宫殿到底是什么？

记忆宫殿使用的位置或物品，我们称之为“桩子”，经过多年的发展和完善，经过系统学习和训练的学员，只要愿意，都可以轻松地打造几千上万个桩子，这样就有了能够快速记忆大量知识并且能够任意点背的基本条件。

记忆宫殿的核心其实就是以熟记生，用的都是我们熟悉的、有顺序的位置或者物品。

我们回顾一下之前学习的数字编码，用数字编码记忆三十六计和十二星座的时候，这些数字就可以称为数字桩。

运用记忆宫殿时，熟悉的、有顺序的是前提，所以桩子不仅限于位置或物品。那么哪些有顺序的东西可以拿来当桩子呢？比如我们熟悉的26个英文字母，就可以拿来当字母桩，一些熟悉的诗歌语句就可以拿来当语句桩，这个在记忆考试知识点时常用。也就是说，万事万物都可以拿来当记忆桩子，因此我们把记忆宫殿俗称为定桩法，因为不只是地点可以定桩，还有身体部位定桩、人物定桩、标题定桩等。这些方法我们在卓胜脑力的学科应用中都会讲解，这里主要给大家介绍最大量使用的地点定桩法，也就是传统的记忆宫殿。

简单来说，地点桩就像我们熟悉的抽屉，我们把东西放在不同的抽屉里，后期就很容易找到并拿出来。记忆宫殿也是一样，把要记忆的内容放在熟悉的位置，当你脑海回忆到这个位置的时候，内容也就会跟着浮现出来。

一般我们使用的地点桩不需要知道每个桩子叫什么名字，只需要大脑有它的图像即可。记忆法的核心是图像记忆，假如一定要加以名字就偏向于文字性的逻辑记忆了，当然初期练习时候，很多人图像感不好，所以需要用笔记下桩子名字，这个也是可以的。

解释了这么多，大家应该都明白了吧！对于只想把记忆宫殿应用在学习上面，不需要大量地点桩的朋友只要记得三个核心即可：

（1）熟悉的。

（2）有顺序。

（3）位置或物品。

练习1　用下面这张图片找地点桩

简单的找法大约11个（对应下图）

1. 门	2. 墙柱	3. 垃圾桶	4. 壁橱	5. 沙发（白色）
6. 座椅（棕色）	7. 窗户	8. 书柜	9. 花瓶	10. 烛台
11. 木椅				

找地点桩的时候注意定位好第五、第十、第十五等位置，这样在任意点背的时候可以马上就近定位到，而且回忆时漏桩也比较容易发现。比如5是钩子，可以想象在沙发上面挂着一个钩子，10是棒球，就想象拿着棒球打翻烛台，这样就能深刻地记住这几个关键点。

想要快速记忆地点桩，有以下方法可以参考。

方法1 所谓事不关己，高高挂起，可以把自己融入场景中，想象自己从每一个地点桩上面走过，甚至可以和每个桩子互动一下。比如1—打开门；2—靠在墙柱；3—踢翻垃圾桶；4—撞到壁橱；5—坐在沙发上……依次这样想象和每个桩子互动来记忆。

方法2 运用桥连法进行串联记忆，让这些桩子关联起来，当然把自己融入场景效果更好，这样记忆起来更快，而且有趣。比如想象自己打开门，扶着墙柱，没扶好一个踉跄，踩到垃圾桶，撞向了壁橱，晕倒在沙发上，滚下来打翻了座椅，椅子撞到了窗户，震掉了书柜上的书，书籍砸翻了花瓶，花瓶滚翻了烛台，烛台掉在了木椅上……

想象的这个场景可以符合现实，也可以夸张有趣，越是夸张对大脑的冲击越大，越容易记住，当然，假如你对桥连法，也就是编故事不太在行，那么用一个最简单粗暴快捷的方式，那就是让每个地点桩像多米诺骨牌一样，一个挨一个地倒压过去。如果实在难以想象这些东西怎么倒，特别是墙柱那么大，那么你就想象遭遇地震了，地震时候一切皆有可能！

以上方式可以多样尝试，选择一个最合适自己的去熟悉地点桩，多进行闭目回忆，回忆不起来或者容易卡住的要单独加强，如果桩子不熟，想在上面记忆内容是不太容易的，你还得分心想下一个桩子是什么，怎么可能专注地去记忆其他内容呢？效果肯定会打折扣的。最好能够顺背倒背都很流畅，配合任意点背，就是提问自己第几个桩子是什么，比如第7个，那你就马上定位第5个是沙发，第7个就是沙发后面2个，也就是窗户。比如第9个，那就是第10个烛台的前一个，也就是花瓶，就这样把整套地点记忆得滚瓜烂熟，其实是不用几分钟便能完成的事情。

有人想把天花板的吊灯也作为地点桩，对于拿来做应用记忆是OK的，你觉得好用即可。但是对于专业记忆选手来说是不合格的，如果你想显得专业一点，就不建议用，不在乎少这么一个桩子。怎么才是专业？我们在后面的最强大脑是如何训练出来的部分会具体来讲。

桩子熟悉好了就可以拿来记忆一些内容了。比如我们需要去超市采购东西，有：1.猪蹄；2.鸡蛋；3.番茄；4.面粉；5.牛奶；6.饼干；7.牙膏；8.剪刀；9.保温杯；10.扫把；11.洗发水。

记忆方法也有两种：

方法1　直接图像记忆，直接把地点和要记忆的内容图像化放在一起即可，这需要图像感非常好才行。比如门边放着猪蹄，墙柱下有一堆鸡蛋，垃圾桶里有番茄……

方法2　加动作或者逻辑，通过两两桥连法记忆。比如拿猪蹄敲门；鸡蛋摔墙柱上；番茄丢进垃圾桶；面粉抹在壁橱上；牛奶倒在了沙发；饼干掉在了座椅上；用牙膏刷窗户；用剪刀剪书柜里的书；用保温杯给花瓶加水；用扫把扫灭蜡烛；洗发水顺着木椅下流。

我们也可以发现记忆方法1和2除了纯图像摆放和有动作的区别外，还有一个就是前后顺序的区别，方法1是地点桩在前，方法2是要记忆的内容在前，这两种方案都可以使用，不过最好一直保持一个顺序，也就是要么地点一直在前，要么内容一直在前，防止自己都混乱了。而更深层次的原因是，如果作为专业选手参赛的话，是为了防止顺序错误导致扣分，这个在后面的记忆大师训练教程中也会重点讲解。

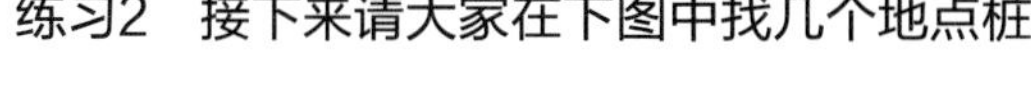

练习2　接下来请大家在下图中找几个地点桩

地点桩参考图

1.台灯；2.沙发；3.小树；4.窗帘；5.长椅；6.空调；7.花瓶；8.电视；9.木雕；10.书柜；11.垫子；12.电脑。

第三节　七天挑战整本《道德经》

我们之前说过万事万物几乎都可以作为记忆宫殿，而记忆宫殿又可以用来记忆万事万物，当然这并不是说记忆宫殿是万能的，它只是可以用来帮助记忆，而且有时候不一定是最好的记忆方式，特别是在你对自己的记忆宫殿不熟悉的情况下。

记忆宫殿更多的也是用来记忆无规律的事物，比如扑克牌、数字，以及最强大脑节目上的记忆类项目，还有就是记忆国学经典《道德经》《易经》等这些我们目前无法理解的内容，就可以先使用记忆宫殿记忆下来，记完了就可以在闲暇时间根据地点桩回忆，然后慢慢去品味它的含义。接下来我们就以《道德经》第八章为例。

注意：请朋友们一定把地点桩用方法记忆熟练了再来跟着记忆下面的内容，不要着急往下看。至少前面：1.台灯；2.沙发；3.小树；4.窗帘；5.长椅；6.空调这几个要熟悉，可以直接串联起来记忆：台灯掉在了沙发上的小树，小树被撞倒在窗帘上，窗帘盖住了长椅和空调。我们只需要这6个桩子即可记完这篇文章。

《道德经》第八章（老子）

上善若水。水善利万物而不争，

处众人之所恶，故几于道。

居善地，心善渊，

与善仁，言善信，

政善治，事善能，动善时。

夫唯不争，故无尤。

先通读原文三五遍，把原文字熟悉了，再使用地点桩来记忆会好一些。为了对文字进行形象转换，一般使用谐音的方式，所以要复原回原文字，必须对原文字有点熟悉才行。

第八章，8是葫芦，想象老子拿着葫芦。

上善若水。水善利万物而不争，

①台灯；老子带着葫芦，拿着台灯，上山落水，水上冲离玩物和布针。

注释：若水—落水，水善—水上，利万物—离玩物，而不争—和布针。

处众人之所恶，故几于道。

②沙发；沙发上处处有众人出手可恶，鼓击一刀。

注释：之所—出手，故几于道—鼓击一刀（想象拿鼓击打一把刀）。

居善地，心善渊，

③小树；小树下（有人）居山地，新上演（电影）。

与善仁，言善信，

④窗帘；把窗帘给予商人，颜上新（颜色上很新）。

政善治，事善能，动善时。

⑤长椅；长椅上正上猪，是上嫩的，（赶快）动上食。

注释：动上食：想象动手上去食用的场景。

夫唯不争，故无尤。

⑥空调；空调复位不正，估计是无油。

参考译文：最善的人好像水一样。水善于滋润万物而不与万物相争，停留在众人都不喜欢的地方，所以最接近于“道”。最善的人，居处最善于选择地方，心胸善于保持沉静而深不可测，待人善于真诚、友爱和无私，说话善于恪守信用，为政善于精简处理，能把国家治理好，处世能够善于发挥所长，行动善于把握时机。最善的人所作所为正因为有不争的美德，所以没有过失，也就不会埋怨他人。（来源：百度百科）

译文仅供参考，毕竟是两千多年前的文字，能够流传下来的版本是否原文也不确定，现在《道德经》确实有几个版本，另外用现代人的思维去理解古人的思维也确实很有难度，因为你不在那个时代，没有对那个时代背景的体会，加上翻译的人又不是老子本人，不了解老子的个性和思维方式又如何了解他的思想？什么叫了解人家的思维方式？比如你和对象或者朋友在一起，突然对方抬起手，你不知道他要干吗，然后不小心啪地被扇了一巴掌！接着第二次他再抬起手的时候，你就会迅速地躲开，因为你已经知道他的思维模式，了解他想干什么了！

因此，作为国学经典，我们先记住了，然后闲暇时间可以去慢慢理解，如果想专门研究，不妨结合思维导图，这样效果更好。其他译文真的是参考即可，毕竟那不是标准答案。

现场训练：

《道德经》第九章

持而盈之，不如其已；
揣而锐之，不可长保。
金玉满堂，莫之能守；
富贵而骄，自遗其咎。
功遂身退，天之道也。

提示：第九章，9是狗，也就是使用数字编码定位每一章，用狗和第一句进行串联记忆：狗吃了银子，步入起义；接下来继续使用地点桩记忆。

因此，《道德经》81章使用1到81个编码即可，内容则进行谐音转换后使用地点桩来记忆。记忆熟练以后就可以进行脱桩复习了。《道德经》整本书大概有5000多字（有的版本7000多字），560句左右，也就是要用到大概560个地点桩。那么如何找到这么多桩子呢？如果你找地点桩还停留在使用桩子名称，用整张桌子、椅子、窗户等当地点桩使用的时候，确实很难扩充，因为基本到哪里都是这些东西，如何解决这个问题？接下来我就详细为大家讲解如何建立大量的地点桩。

第四节　快速打造大量黄金地点桩

为了大家一开始就能够专业地打造好记忆宫殿（也称为地点桩或桩子），这里就把世界记忆大师如何打造大量黄金地点桩的一些细节和步骤先做一次总体讲解。

1.有顺序

最好是按照顺时针的顺序，也就是从左手边的第一个桩子开始按照顺时针走过去一个个地找地点桩，每个桩子都在左手边。顺时针是顺应自然，按照我们大脑习惯的思维方式进行的，很容易适应，如果桩子忽前忽后、忽左忽右，自己都不知道转晕在哪里，那地点桩还怎么使用?

2.空间感

记忆宫殿最开始就是一个个房间，你在房间里面会感觉是个相对封闭的空间，空间感比较好。当然室外地点也是类似的，而且每个桩子也要有空间感，桩子的空间感就像墙角一样，首先是有个地面的水平面支撑， 还有墙面的竖直面可以依靠，这样可以把要记忆的图像放在上面，才会稳稳当当的，不会丢失。

对于那些在网络图片上找的桩子就不建议使用，因为没有身临其境的真实感，空间感就更没有了。我们上面的图片只是方便举例给大家而已，并不是好的地点桩，你自己亲身去现场找的最好。空间感几乎是每个动物天生具有的，人类更是如此。现代人习惯了用GPS导航，所以空间能力越来越差，好多人分不清东南西北。一部手机几乎无所不能，也让很多人越来越无能……就像很多家长看到小孩磨磨蹭蹭就顺手帮他全部搞定，或者像保姆一样样样到位，自己耗费大量时间不说，孩子也成了半人废人！

3.距离相对均匀

这个就很容易理解了，就是这套地点的每个桩子之间的距离都比较接近，一般室内0.2米到2米、室外0.5米到5米比较合适。比如每个东西都是0.3米左右，你往前一伸手就很容易抓住，但是突然下个东西远在10米之外，你很可能顺势就会抓空，也许太猛还不小心摔倒在那里了，爬起来还得跑很远才够得到，如果经常这样忽近忽远，那么大脑在回忆桩子时也会一长一短，相当不舒服。

4.大小相对合适

我们前面说过为什么使用物品的特征位置，就是为了解决桩子大小差距太大的问题。就像扛东西，太大了你就扛不住，太小了就容易被你忽略，大脑的负载也是一样道理，忽大忽小就很容易出问题，最主要的是室内的东西永远是那些家具家电，重复使用就很容易混淆，但是特征位就明显不同，空间感也不一样，大小也可以任由你自己决定，因为只用到物品的一部分。

5.高度和视角

桩子的位置高度要在视线范围内，有点起伏，但是不要太大，直上直下的就不行，一个是太近，另一个是很容易混淆；桩子距离地面的高度相对差不多，低到地面上的就可以蹲下来看，高过自己身高的就要谨慎使用了。这样看地点桩时便以俯视的视角，回忆桩子时就像重新走一遍，一个个俯视去看就很舒适，如果一会儿看天花板，一会儿看地面就很别扭，这就是之前说天花板上的吊灯不用的原因。

6.明暗度

眼睛和相机的原理是一样的，如果桩子太亮就过曝，太暗就看不见，所以明暗程度相对接近最好。

7.熟悉

首先是你熟悉的地方，比如你的家里、公司、学校等，还有你熟悉的物品、家具、电器等，当然不熟悉也没有关系，只要你记忆下来，多复习几次也就熟悉了。

8.改造地点桩

比如家里到处都是类似的桌子、椅子怎么办，这就需要改造，你可以把桌子的抽屉拉开用这个抽屉当桩子，你可以把椅子倒下来成为一个新的图像，可以继续用上几个部位当桩子。

9.制造地点桩

在实际中找地点桩难免遇到距离或者高度差别很大的情况，要怎么处理呢？很简单，就是制作地点桩，比如拿一些实物，如锅碗瓢盆等，放到中间去作为桩子进行过渡，让整套地点桩的距离和高度都比较均匀。

10.拍照和录像

确定好地点后，对每个地点桩按顺序一个个拍照，注意角度和距离，拍照时候对焦到你要用的那个地点桩的特征位置点，物品有个大致的整体形象即可，对焦那个特征位置就是你用来记忆的时候，把图像和内容放置在接触的位置，这样回忆的时候能够马上定位到。如果是整张大桌子，可能你回忆起来就不知道东西放在桌子的哪个点上。但是也不是说只有这个位置就可以，要有地点桩的整体图，这样不至于因为地点桩的特征位置都很像导致混淆。

给所有地点桩拍完照之后，再从第一个开始按顺序录制好视频，注意录制的时候，到每个地点桩都要停顿一下让桩子的特征位置对焦一下再去拍下一个，不要太着急，整个视频录制得太匆忙，抖得厉害，你自己都看不懂，那就完全没有意义了。拍照和录像方便保存和复习，如果桩子太久没用就会模糊或者遗忘，这时候就可以拿出来复习了。最主要的是有了照片你就不用笔记了，因为笔记非常浪费时间，而且很多桩子描述起来很复杂，甚至根本无法描述。所以拍照是个绝佳的解决方案。

拍照和录像结束后就是一套完整的地点桩，这时候建一个单独的文件夹并命名好保存这套地点桩，安卓手机很方便，直接用文件管理器即可解决，对于ios系统，就只能回家用电脑整理了。

11.虚拟地点桩

对于专业选手来说，每套地点桩一般是30个，有时候一个地方确实找不到30个怎么办？这时候就可以在后面虚拟几个桩子，虚拟就是大脑凭空想象出来的，可能是游戏中的画面，或者是去哪里玩看到的印象深刻的物品。包括前面说的桩子之间的距离和高度问题，也可以通过虚拟地点桩来解决，不过这个是万不得已的方案，能够改造或者制造出实物地点桩最好。

有了上面更专业的打造地点桩的方法，接下来你可以到任何去过的地方找到你的桩子，比如：你熟悉的自己家和亲戚朋友家的客厅、卧室、厨房、卫生间等；你上班的公司，常去的公园、餐厅、娱乐场所等；你去过的学校、医院、银行等；你经常走的比较熟悉的几条路，这些路径上的东西都可以拿来当桩子；特意去附近找地点桩，拍照录像来记忆使用。

生活中我们要多留意身边的事物，多找多练，练习多了就很容易找到，而且可以练就近乎过目不忘的本领，比如最强大脑上面挑战记忆铜人茶馆。

下面是我们在一个大学广播院室外找的地点桩，每张图片都是统一命名，相册会自动编码，非常方便快捷。

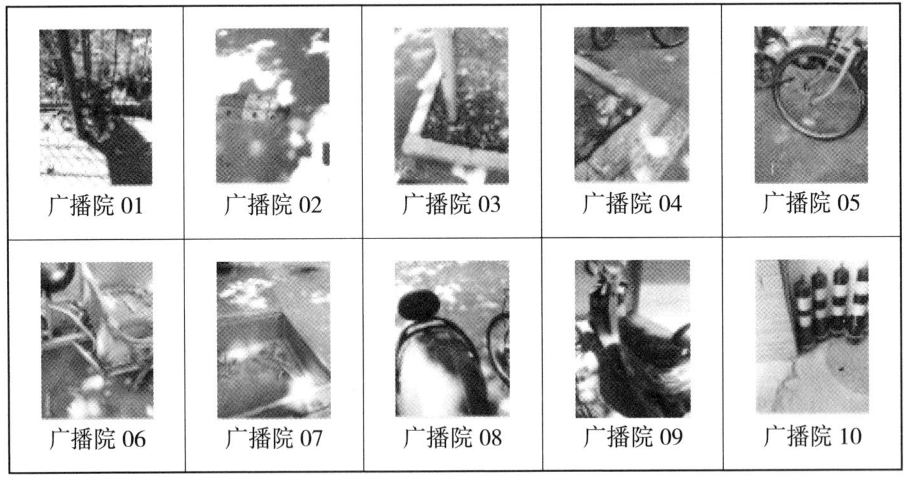

广播院 01　广播院 02　广播院 03　广播院 04　广播院 05

广播院 06　广播院 07　广播院 08　广播院 09　广播院 10

广播院 11　广播院 12　广播院 13　广播院 14　广播院 15

广播院 16　广播院 17　广播院 18　广播院 19　广播院 20

广播院 21　广播院 22　广播院 23　广播院 24　广播院 25

广播院 26　广播院 27　广播院 28　广播院 29　广播院 30

广播院 31　广播院 32　广播院 33

总共有33个，多出来的3个是备用桩，找完桩子后就会在大脑过一遍，想不起的那个就会被删掉，最终留下30或31个，多一个是备用， 使用过程中遗漏可以马上补上，当然没有多余桩子的时候，可以使用虚拟地点桩补上，不需要为了漏掉的地点桩而重新记忆。

当你有大量的地点桩时，不仅可以对整本《道德经》任意点背，同样地对于其他任意一本书都可以做到任意点背，接下来我们进入综合应用。

第五节　任意点背一本书

81章的《道德经》我们可以一字不落地进行任意点背，那么当我们拿到其他书是否也可以做到呢？在学习了快速阅读之后，我们对于一本书的内容除了抓住重点外，更希望能够把它记忆下来，活用到工作生活中，特别是专业课程考试中。现在有了万能的记忆宫殿，我们就能够轻而易举地做到了。当然不是说我们可以一字不落地记忆下来，我们要记忆的只是每一页的重点内容。

这里就涉及几个方面：

◎快速阅读能力；

◎关键词提取能力；

◎快速记忆能力；

◎系统整理能力。

这四方面的能力训练，我们前面已经悉数介绍，如果你每项都训练有素，那么任意点背一本书就非常快了，可能一两个小时就搞定了百页书籍。假如你阅读的只是一些非考试需要的书籍，只是要进行大致理解和记忆，可以使用以下方案：

◎对这本书的书名、目录先认真看两遍，了解书的整体内容和架构等；

◎对正文内容进行快速阅读，以每页30秒左右的速度快速阅读一遍，把握作者的写作思路和风格，进一步熟悉书本的主要内容；

◎对每一页的关键内容进行提取，可以提取几个关键词进行桥连法记忆。

◎使用记忆宫殿的每一个地点桩，依次记忆每一页的关键内容。

◎根据自己短时记忆能力的多少，一般记忆30页左右，从第1页开始复习，最好以回忆形式复习，回忆不起来再翻回去看，回忆完成后继续记忆30页，然后复习，直至全部记完120页之后进行第三遍复习。

复习策略见下图（仅供参考），30页刚好是一套地点桩，也是大部分人比较合适的数量。当然，如果你一次性记忆30页后回忆过程遗忘较多，建议只记忆20页就复习，如果能够一次性记忆60页，那么可以记忆60页甚至更多页再复习。

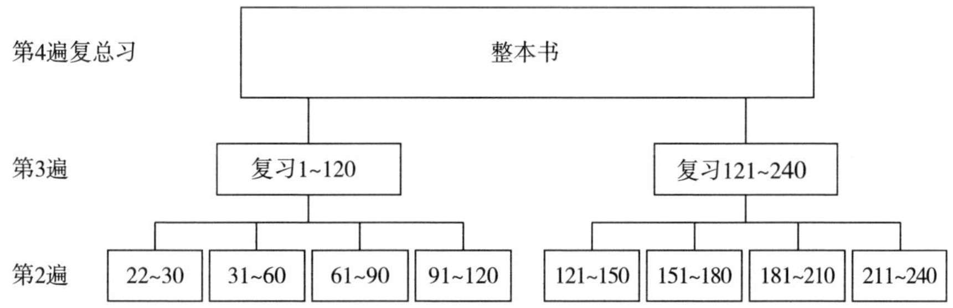

◎如果想达到永久性记忆，建议记完之后，用思维导图绘制出来，拍照留存在手机里，根据艾宾浩斯遗忘规律进行复习。

彩蛋2　世界记忆大师如何炼成

看到这里，也许你对训练记忆开始有了一定的兴趣，只是你对成为世界记忆大师或者那些最强大脑的明星觉得遥不可及，那么你就错了。所谓梦想还是要有的，万一实现了呢？以下是我2015年成为世界记忆大师之后，重庆晨报的报导，也许看完之后会让大家更有信心。我是高考了两次才上的大学，后来在工作中为了进一步提升自我才与记忆法结缘，然后就这样一直走到今天，而且会不断地努力走下去。另外附上我当时成为记忆大师后写的一点心得，这一段成长旅程，相信和很多人是一样的，大都是因为为了学习记忆法帮助工作和生活，也就是应用型的记忆，但是在深入学习后，发现学习了这些方法远远不够，接着接触了专业的训练方法，但是只有少部分能够坚持下来的人成功地拿到了世界记忆大师的称号。那时候我就在想，如果我们俩能够做到，那么所有人都可以做到。

回首这一路，大概从2009年开始我就在中国记忆力训练网（最早名字为海马记忆）接触到记忆法，并且应用到学习上面吃了点甜头，只是对那些展示的扑克牌和数字记忆，觉得是毫无用处的东西，所以很不屑，而《道德经》“四六级单词”等倒背如流，任意点背我也不以为然，毕竟这是数字定桩加死记硬背就可以做到的。所以我最开始接触的记忆法很肤浅，虽然能够有一些应用，但是想象和联想总是花费很多时间，还是一样记了就忘，最终感觉还不如死记硬背来得快捷方便。我想这也是很多人说记忆法没用，甚至认为是骗子的原因， 毕竟现在很多集训营、特训营等本身良莠不齐，而且大部分都是短期班，只是在短期内有效果，毕竟缺乏系统专业的训练，想象联想的速度和质量都比较差，直接导致记忆法没有发挥出效果，到后期学习慢慢又恢复到死记硬背的状态（连我们成人只是懂方法不训练都无法应用到学习，更别说青少年了）。就这样我慢慢淡忘了记忆法，一直到后来看了最强大脑才知道，原来记忆法可以达到这样的境界，可以应用得更加广阔，记忆油画、二维码、虹膜等都可以转化为数字来记忆，数字记忆不仅是数字，只要你够细心，很多事物都可以转为数字来记忆（比如比赛的抽象图形项目）。

记忆扑克牌和数字因为有世界脑力锦标赛的关系，随着赛事23届的沉淀（目前已经是24届了），有了一套非常成熟专业的训练体系，通过数字和扑克牌的训练提高速度和准确率，快速提升想象和联想能力的同时开发右脑。

认识到这个之后我当即下定决心，以记忆大师为目标，每天至少训练2小时，当时大概是2014年6月。刚开始我就上网找一些扑克牌的记忆法，就是最基本的在地点上做连接，但是对找地点、找数字代码，如何做连接走了非常多的弯路，首先编码人物多，而且类似的物品也多，地点就是一条路过去一个个门店的大地点，连接接触不是太紧密，影响前后记忆，要不就是接触不好没记住，而且前期错误虽然很多，但是一直在追求速度，以为只要速度上来了，多练就可以慢慢提高准确率，其实不然，所谓方法不对，努力白费。而且训练越多，错误加强越大，形成定向思维，后期非常难以改正。

发现这个问题后，我觉得必须有一个大师当老师，读万卷书不如行万里路，行万里路不如名师相助。第一个发现的大师是袁文魁，我从他在网上分享的视频课程中改正了很多问题。另外就是自己是记忆大师，而且是世界冠军的王峰老师，但他的课程实在价格不菲，加上需要到武汉进行21天的训练，当时还在广州上班的我确实没办法过去学习，但是我加入了袁老师的课程群里，偶尔请教一些问题。可以说我相对正确的记忆方法都是从袁老师的网络视频开始的，所以我一直把袁老师当成竞技记忆的启蒙老师，指引我开始了正确的训练旅程。而我的太太卢红莲在我快扑训练到1分钟左右的时候，在我长期细水长流般的影响下，她也表现出了比较大的兴趣，跟着我一起训练。因为有了我这前车之鉴，所以她用正确的训练方法，循序渐进，准确率一直很高，第一次记牌只用了5分多钟，每组120个数字的练习，一面1000个数字她可能只错一两处。

后来了解到，关注了很久的中国记忆力训练网原来就在广州，而且张海洋老师开了师资班课程，作为CCTV的专访人物，我非常敬仰和期待。第一天和海洋老师交流，发现他非常亲切和蔼，完全没有大师的架子，在上完师资班7天的课程后我又加紧训练。可能因为自己没有全职专心训练，干扰因素多，虽然在区域赛前达到45秒左右记忆一副牌，但是很少全对过，甚至2遍都无法全对，加上没有任何参赛经验，怕心理素质不够影响比赛发挥，因此我放弃了2014年的比赛。2014年比赛结束后，师资班1期的聂东东获得了记忆大师称号，而方士奇由于1个数字之差，与记忆大师称号擦肩而过，同期集训的陈阳也没发挥好。听完聂东东老师从上市公司月薪过万的会计高管辞职全职训练半年多的经历，我才后悔自己的训练太零散不够坚决，所以决定2015年赛事一定不能错过。

……

接下来我辞职去武汉大学和广州学习训练，参加世界脑力锦标赛并顺利获得世界记忆大师就是后话了。

由于前期是自己在网上找教程训练，所以犯了非常多的错误，但是我很感谢这段经历，因为这段经历也让我在后期作为一个教练的时候，能够很容易就发现学员的问题，可以感同身受地去理解和讲解，给出一个合理而且能够让人信服的解决方案。更多的时候我是直接把一些训练的关键和误区提前进行比较全面的强调，防患于未然。

为了让大家少走弯路，接下来我会把成为记忆大师的训练关键没有保留地分享出来。

如果单纯地讲一些技术性的训练，也许大家会看得索然无味，因此我们会结合“最强大脑”节目的一些挑战项目来讲解，也许大家会更有兴致，也可以让大家感受到只要掌握了方法，你也一样可以挑战“最强大脑”，我想这样大家会更加有信心训练。

说到“最强大脑”，最有话语权的当属叨叨魏了，因此借叨叨魏在新浪微博中分享的一句话：

魏坤琳

14-3-11 09:28 来自 微博 weibo.com

观众的误解我澄清一下：最强大脑选的【绝不是】大脑天生就和常人不同的，【绝不是】不需要训练就是天才。没人 不训练就是天才。相反，在一定天赋基础上，拼命训练才可能有天才般的表现。比如，台上记忆高手的大脑结构和普通人的基本没有差别，他们后天大量的记忆训练才是成功秘诀。共勉。

其实，“最强大脑”基本就是最强记忆，国外选手都有一堆牛气的头衔，世界记忆锦标赛总冠军或者世界纪录保持人，无论如何，他们都有一个同样的称号，那就是“世界记忆大师”。

值得一提的是在该大赛中产生的世界纪录，将直接记入吉尼斯世界纪录而无须审核。“最强大脑”的中国选手一大半都是来自这个比赛的“世界记忆大师”，只是被节目组故意隐藏了。每次世界脑力锦标赛中国赛、中国香港赛、中国台湾赛以及新加坡公开赛中都可以看到“最强大脑”导演的身影。“最强大脑” 第四季即将开拍，跟我们一起解密最强大脑选手的训练方法，成为世界记忆大师，也许下一个最强大脑就是你!

最强大脑选手的记忆方法非常简单，他们只是把这种简单发挥到极致，就成了神一般的存在。就像打羽毛球大部分人都会，但是成为顶尖的选手就这么几个，因为他们有专业系统而全面的训练方案，加上选手持之以恒的努力训练，最终成为世界记忆大师，登上了最强大脑的舞台。

而成为记忆大师，其实也很简单，3个项目和一个要求就是世界记忆大师的标准：

◎1小时内记住最少1400个随机数字；

◎1小时内记住最少14副扑克牌；

◎40秒内记住1副扑克牌；

◎达标当年须十个项目都已参赛，且总分达到3000分以上。

这是从2020年开始执行的标准，随着世界纪录的打破，标准可能越来越高。从这些标准可以看出，扑克牌和数字记忆是基础，在最强大脑的舞台上也经常涉及，特别是国外挑战赛是必有的。这里训练的核心就是掌握记得快、记得牢的能力和良好的心理素质，能够在舞台上展现出来。扑克牌和数字全球通用，所以比赛起来比较公平，而且通过训练抽象的数字和扑克牌的记忆能力，能够迁移到其他项目和事物的记忆上，也因此吸引了全球各地的脑力高手不断地创新出更加优异的记忆方法，创造了非常多的不可思议的世界纪录（2019年最新纪录）。

Discipline	Record	Competitor	Country	Championship
Spoken Numbers (1 second)	547 digits	RYU SONG I	DPR Korea	WMC 2019
Binary Digits (5 min)	1170 digits	Zhang Lingfeng IMM	China	Macau Adult Ope
Historic/Future Dates (5 min)	154 dates	Prateek YADAV IMM IGM	India	WMC 2019
Names & Faces (5 min)	97 points	Katie KERMODE	England	Friendly (Cambr
Speed Numbers (5 min)	616 digits	Wei Qinru	China	ASEAN Junior Op
Random Words (5 min)	130 words	Prateek YADAV IMM IGM	India	Indian Junior 2
Speed Cards (5 min)	13.96 seconds	Zou Lujian IGM	China	WMC 2017
Cards (10 min)	416 cards	Wei Qinru	China	ASEAN Junior Op
Abstract Images (15 min)	804 points	HU Jiabao	China	WMC 2018
Names & Faces (15 min)	187 points	Yanjindulam ALTANSUH IGM	Sweden	Hong Kong Open
Numbers (15 min)	1168 digits	Wei Qinru	China	ASEAN Junior Op
Random Words (15 min)	335 words	Prateek YADAV IMM IGM	India	WMC 2019
Binary Digits (30 min)	7485 digits	RYU SONG I	DPR Korea	WMC 2019
Cards (30 min)	1100 cards	Wei Qinru	China	Asia Pacific Ju
Numbers (30 min)	1844 digits	Zhang Xingrong	China	Chinese 2018
Long Cards (1 Hour)	2530 cards	KIM SURIM	North Korea	WMC 2019
Long Numbers (1 hour)	4620 digits	RYU SONG I	DPR Korea	WMC 2019

创造这些纪录的人没有一个是天生的记忆大师，无一例外都是后天训练出来的。特别是国内的记忆大师，大部分都是因为记忆力不好需要进一步提升自己才开始训练记忆法的，我也是其中一位。

比赛的十个项目除了历史事件和人名头像可以不用记忆宫殿，其他8个项目和最强大脑的绝大多数记忆类项目，都需要用到地点桩，也就是栏目组经常说到的“记忆宫殿”，参赛要求至少有1500个地点桩，用来记忆大量的数字和扑克牌，还可以应用到背诗词课文、记忆国学经典等，达到倒背如流和任意点背的效果。

简单举例两个最强大脑的记忆项目，已经有前面学习基础的你，看完后或许也可以轻松做到。

首先看最强大脑第一季的百家姓记忆。

由于只有100个姓，还有倒换变换的需要，所以可以一个地点只记忆一个姓氏，比如使用家里最熟悉的地点桩像：1. 楼梯，2. 门，3. 椅子，4. 书桌。如果记忆姓氏：杨、朱、秦、尤，就是1在楼梯上跑着一只羊（谐音杨），2在门上夹着一头猪（谐音朱），3在椅子上坐着弹琴（谐音秦），4在书桌上吃鱿鱼（谐音尤）。有了这样的想象联想，你也能够顺背倒背和任意点背了。

当然最强大脑后面增加难度进行多次倒换很容易把人搞蒙，但只要对着画出百家姓，进行倒换后你就发现其实非常简单。为了看起来更方便，我们只用16个姓氏来举例，如下页图为原始顺序。

	A	B	C	D
1	褚	卫	蒋	沈
2	何	吕	施	张
3	陶	姜	戚	谢
4	云	苏	潘	葛

接着我们举例第1行和第3行倒换，那么记住数字13，变成下面这样。

	A	B	C	D
1	陶	姜	戚	谢
2	何	吕	施	张
3	褚	卫	蒋	沈
4	云	苏	潘	葛

继续A列和C列倒换记住AC，变成如下图。

	A	B	C	D
1	戚	姜	陶	谢
2	施	吕	何	张
3	蒋	卫	褚	沈
4	潘	苏	云	葛

我们进行两次倒换后对比一下原始顺序和倒换后顺序。

	A	B	C	D
1	褚	卫	蒋	沈
2	何	吕	施	张
3	陶	姜	戚	谢
4	云	苏	潘	葛

	A	B	C	D
1	戚	姜	陶	谢
2	施	吕	何	张
3	蒋	卫	褚	沈
4	潘	苏	云	葛

很显然，原始的1A来到了3C，而原始1C来到了3A，其实就是我们之前记忆的13、AC的组合而已，真的非常简单。也就是这个简单，让叨叨魏给了一个5分的难度分，导致挑战成功但是无法晋级，因此升级了难度进行空间三维倒换，这个比较复杂，但其实也就是多了几步转换而已，有兴趣的再另外交流。

接下来再看看最强大脑李威如何辨脸。

首先得益于李威使用的是三位数的编码系统，也就是有000到999共1000个数字编码，这也是他能够挑战脑力大帝马劳的重要原因，即用3个数字对同一张脸谱进行记忆，譬如第一个数字代表额头有几个图案，第二个数字代表脸的底色，第三个数字代表嘴巴的形状。比赛时14个川剧变脸演员每人表演了8~10 张脸谱，对于这一点，在自己的大脑中给14个人分别对应一套地点桩，使用里面的8~10个地点加以记忆即可。

世界记忆大师、最强大脑的记忆项目并非我们想象的那么遥不可及，只要你掌握正确的训练方案并进行持之以恒的训练，你也可以做到：

（1）每天训练3小时，21天左右达到2分钟记忆一副扑克牌。

（2）系统全面地训练3个月左右成为世界记忆大师。

（3）专项能力提升，挑战最强大脑记忆项目。

第七章　超级记忆法学科运用

第一节　准确记忆生字和词语

语文是伴随我们终身的一个内容，一个人的文化修养和表达能力，都是以语文的学习功底作为基础。语文，语和文，就是语言和文学，你的语言表达魅力，你的文学修为功底。因此，学好语文关键在于积累，语文学习的核心不应该是判断句子是否是病句，标点符号是否准确，也不是用的什么修辞手法，更不是答题方法、写作技巧。而应该是一种对文学的领悟、一种语言魅力、一种思想情感、一种对生活的姿态。

语文从最简单的识字开始，我们选择几个常见又容易写错别字的成语来讲解，简单带过。在了解成语的原意和出处之后，基本就不会写错别字了，下面介绍如何记忆生字。

一、读音记忆

纵横捭阖　[zòng héng bǎi hé]

[解释]“纵横”即竖和横；“捭阖”是开和合，字面上理解成“自如地横竖开合”（达到操纵控制对方的目的）。

[出自]宋·李文叔《书战国策后》：“战国策所载；大抵皆纵横捭阖谲诳相轻……”

记忆：

捭谐音摆。记忆：提手摆开卑鄙的家伙。

阖谐音合。记忆：到门里去合下器皿。

椎心泣血　[chuí xīn qì xuè]

[解释]椎心：捶胸脯；泣血：哭得眼中流血。捶拍胸膛，哭泣出血，形容非常悲痛。

[出自]汉·李陵《答苏武书》："何图志未立而怨已成；计未从而骨肉受刑；此陵所以仰天椎心而泣血也。"

记忆：

椎谐音捶。捶打木堆。

易错辨析：用木头椎心泣血。

嗤之以鼻　[chī zhī yǐ bí]

[解释]嗤：讥笑。用鼻子吭声冷笑。表示轻蔑。

[出自]清·颐琐《黄绣球》："其初在乡自立一学校；说于市；市人非之；请于巨绅贵族；更嗤之以鼻。"

记忆：

嗤谐音吃。吃掉口边假山下的一条虫。

二、同义词记忆

安谧——静谧——平静

记忆：他安谧地站在静谧的夜里，显得很平静。

温暖——暖和

记忆：在妈妈温暖的怀抱里很暖和。

洒脱——潇洒

记忆：他很洒脱，潇洒地脱了衣服。

炫耀——夸耀

记忆：喜欢炫耀的人不值得被夸耀。

轻蔑——轻视

记忆：他这种轻蔑的眼光明显就是轻视人。

三、反义词记忆

雪中送炭——雪上加霜

记忆：以为你是来雪中送炭的，原来是雪上加霜。

一丝不苟——粗心大意

记忆：这人表面上一丝不苟，其实粗心大意。

理直气壮——理屈词穷

记忆：辩论会上，正方理直气壮的发言让反方理屈词穷。

熙熙攘攘——冷冷清清

记忆：在熙熙攘攘的大街上，我躲在冷冷清清的角落里。

安居乐业——颠沛流离

记忆：安居乐业的人很难体会颠沛流离的痛苦。

第二节 文学常识速记

唐宋八大家是哪些人？

答：韩愈、柳宗元、欧阳修、苏洵、苏轼、苏辙、王安石、曾巩。

联想法记忆：唐宋一块寒玉藏在柳树中圆洞里，欧阳锋拿去修了，私寻思着（苏、洵、轼、辙）安在石上，争取巩固点。

串联法记忆：喊柳殴三叔，寻思着安石蒸。

注：喊—韩，柳—柳宗元， 殴—欧阳修，三叔—三苏，寻思着—洵、轼、辙，安石—王安石，蒸—曾巩。

初唐四杰指的是哪四个人？

答：王勃、杨炯、卢照邻、骆宾王。

联想法记忆：唐王勃然大怒，羊囧在炉边照着邻近的骆驼病亡。

调整顺序：卢照邻、骆宾王、王勃、杨炯，首字串联为炉落汪洋。（想象一个炉子落进汪洋）

宋代名人范仲淹《岳阳楼记》中，脍炙人口的一句是（　　）。

A.落霞与孤鹜齐飞，秋水共长天一色

B.世事洞明皆学问，人情练达即文章

C.洛阳亲友如相问，一片冰心在玉壶

D.先天下之忧而忧，后天下之乐而乐

记忆方法：这类名言我们都很熟悉，只要把作者和名言里面的关键词进行串联记忆即可。

选项A　落霞与孤鹜齐飞，秋水共长天一色

此句出自唐代王勃的《滕王阁序》。想象吃着糖（唐）果的王勃，落霞之下骑着孤鹜飞进秋水。

选项B　世事洞明皆学问，人情练达即文章

此句出自清代曹雪芹《红楼梦》。想象你在红楼里面清炒雪芹，私自给洞里有学问的人当人情。

选项C　洛阳亲友如相问，一片冰心在玉壶。此句出自唐代王昌龄的《芙蓉楼送辛渐》。想象王昌龄在芙蓉楼里给洛阳的亲友一个装着冰心的玉壶。

选项D　先天下之忧而忧，后天下之乐而乐

此句出自宋代范仲淹《岳阳楼记》。想象范仲淹在岳阳楼上先是和天下人一起忧愁，后来又非常欢乐的情景。

因此正确答案是 D 。

下列作家、作品、体裁或国别搭配有误的一项是（　　）。

A.老舍——《骆驼祥子》——小说

B.冰心——《繁星》——诗歌

C.莎士比亚——《威尼斯商人》——法国

D.奥斯特洛夫斯基——《钢铁是怎样炼成的》——苏联

记忆作者作品等匹配，一般都直接使用配对串联法即可。

选项A记忆：老舍骑着骆驼写小说。

选项B记忆：冰心仰望繁星唱诗歌。

选项C记忆：莎士比亚是英勇的威尼斯商人。莎士比亚是英国作家，因此本项错误。

选项D记忆：奥斯特洛夫斯基向苏联红军传授钢铁是怎样炼成的。

宋朝著名的女词人除了大家所熟悉的李清照外，还有一位是朱淑真。前者的词集叫作《漱玉词》，后者词集是（　　）。

A.《饮水词》　B.《花外集》　C.《梦窗词》　D.《断肠词》

记忆：

选项A《饮水词》是清初词人纳兰性德的词集。想象纳兰幸得清水一饮而尽。

选项B《花外集》为宋末王沂孙所著。想象王沂孙收集花送到门外。

选项C《梦窗词》是宋代词人吴文英的词集。想象吴文英梦游爬上窗户。

选项D《断肠词》为南宋朱淑真所著。想象朱淑真打牌输到断肠。

因此正确答案是D。

作业：

1.下列作家与他们的字、号、谥号、别称对应有误的一组是（　　）。

李白——青莲居士　欧阳修——六一居士　白居易——香山居士

杜甫——子美　柳宗元——子厚　苏轼——子瞻

范仲淹——文正　陆游——放翁　柳宗元——柳泉居士

陶渊明——五柳先生　韩愈——昌黎先生　李清照——易安居士

2.下列说法有误的一项是（　　）。

A.《论语》是儒家的经典著作之一，与《大学》《中庸》《孟子》合称为“四书”。

B.《孔乙己》和《从百草园到三味书屋》都出自鲁迅的回忆性散文集《朝花夕拾》。

C.《史记》是我国第一部纪传体通史，全书共一百三十篇，被鲁迅称为“史家之绝唱，无韵之离骚”。

D.人们常用“唐诗、宋词、元曲、明清小说”概括唐、宋、元、明、清这几个时期突出的文学形式。

参考答案

题1：蒲松龄号“柳泉居士”，故答案是C。

题2：《孔乙己》选自《呐喊》，故答案是B。

第三节　诗词记忆六大方法

中国是一个诗的国度，最早的诗集《诗经》作为古代诗歌开端，收集了西周初年至春秋中叶（前11世纪至前6世纪）的诗歌，共311篇。公元前4世纪，战国时期的楚辞风行一时，屈原的《离骚》是楚辞杰出的代表作。之后汉乐府、唐诗、宋词、元曲等，汇聚了中国几千年的文化底蕴。

“读史书使人明智，读诗书使人灵秀。”一首好诗就是一位良师益友。有百首诗词在腹中，就不再担心胸无点墨，可以随时随地信手拈来。

登高望远不只是“会当凌绝顶，一览众山小”，还可以有“五老峰巅望，天涯在目前”，或是“明月出天山，苍茫云海间”。

瀑布浩然而下，不只是“飞流直下三千尺，疑是银河落九天”，还有“今古长如白练飞，一条界破青山色”，或是“初惊河汉落，半洒云天里。空中乱潨射，左右洗青壁”。

清晨漫步，绿草茵茵，不只是“离离原上草，一岁一枯荣”和“枝上柳绵吹又少，天涯何处无芳草”，还有“天意怜幽草，人间重晚晴”，或者“苔痕上阶绿，草色入帘青”。

细雨微风，不只是“夜来风雨声，花落知多少”，还有“青箬笠，绿蓑衣，斜风细雨不须归”，或是“天街小雨润如酥，草色遥看近却无”。

花开花谢，不只是“无可奈何花落去，似曾相识燕归来”，还有“人面不知何处去，桃花依旧笑东风”，或是“落红不是无情物，化作春泥更护花”。

离别时候，不只是“海内存知己，天涯若比邻”，还有“莫愁前路无知己，天下谁人不识君”，或是“洛阳亲友如相问，一片冰心在玉壶”。

……

几千年来数不清的诗词，几乎描述了世间的万事万物，对于中小学生来说，背诵古诗词的好处非常多。

第一，培养想象力、创造力。古诗词大多短小精悍，意境盎然，情感丰富。记忆之中，体会诗词意境，领悟蕴含的诗外之意，需要运用丰富的想象力去补充和领悟，把大脑中体会的各种意象进行再造组合，创造出诗词中的画面，甚至一个全新的意境，发展出创造性思维，进行艺术再创造。

第二，增强记忆力，培养良好的学习习惯。通过大量的诗词记忆，提升记忆能力，大脑用进废退，少年儿童处于记忆最佳时期，这时候的记忆相对容易。而且诗词蕴藏着很多故事哲理，可以模拟诗词场景，寓教于乐，培养学习和记忆的乐趣与兴趣。

第三，提高审美和领悟能力。诗词中深厚的中国传统文化，表达多又寓情于景，情景交融，可谓“诗中有画”“画中有诗”“诗中有情”“诗中有理”，不乏诸多为人处世的哲理和爱国励志的精髓，对于读者的启迪、情感熏陶、品德提升、人格塑造，有着很好的效果。

第四，提高语言组织和表达能力。在大量记忆之后，看到花草树木、虫鸟鱼兽等都能够把相应的诗词名句脱口而出；写作演讲也能够引用经典诗词，起到画龙点睛的效果。

学习古诗词有如此多的好处，我们如何能够快速记忆?

最直接的方式就是“先意后记”。就是先意会后记忆，使用绘图方式，图文并茂，启用左右脑同时快速记忆。下面我们选取几首诗词进行讲解。

一、想象法

望庐山瀑布

（唐）李白

日照香炉生紫烟，
遥看瀑布挂前川。
飞流直下三千尺，
疑是银河落九天。

译文：香炉峰在阳光的照射下生起紫色烟霞，远远望见瀑布似白色绢绸悬挂在山前。高崖上飞腾直落的瀑布好像有几千尺，让人恍惚以为银河从天上泻落到人间。

记忆：小学课文本身的配图非常丰富，很好地表达了诗词的意境，可以直接对着图画记忆。根据每句诗的关键词，进行图像想象。日照到香炉，升起了紫烟。诗人仰头遥看瀑布挂在前川，飞流直下三千尺，让人怀疑是银河从九天之上落下。把每个景物的描写在脑海里一个个清晰地显示出来，配合熟读几遍，就可以背诵下来了，而且遇到此情此景就很容易有感而发。

作业

所 见

（清）袁枚

牧童骑黄牛，
歌声振林樾。
意欲捕鸣蝉，
忽然闭口立。

译文：牧童骑在黄牛背上，嘹亮的歌声在林中回荡。忽然想要捕捉树上鸣叫的知了，就马上停止唱歌，一声不响地站立在树旁。

记忆：建议直接根据图片描绘记忆即可。

二、串联法

江南

汉乐府

江南可采莲，
莲叶何田田。
鱼戏莲叶间。
鱼戏莲叶东，
鱼戏莲叶西，
鱼戏莲叶南，
鱼戏莲叶北。

译文：江南水上可以采莲，莲叶多么茂盛，鱼儿在莲叶间嬉戏。鱼在莲叶的东边游戏，鱼在莲叶的西边游戏，鱼在莲叶的南边游戏，鱼在莲叶的北边游戏。

记忆：这首诗很精简，而且重复很多，非常容易记忆，直接就是一幅在江南水乡采莲的画面，莲叶梯田一样一片片，下面鱼儿在莲叶的中间和东西南北嬉戏（后五句都是鱼戏莲叶，所以提取“间、东、西、南、北”串联记忆即可）。

作业

鹊　巢

节选自《诗经》

维鹊有巢，维鸠居之。之子于归，百两御之。
维鹊有巢，维鸠方之。之子于归，百两将之。

维鹊有巢，维鸠盈之。之子于归，百两成之。

译文：喜鹊筑巢在树上，布谷飞来就居住。姑娘就要出嫁了，百辆大车来迎她。喜鹊筑巢在树上，布谷飞来占有它。姑娘就要出嫁了，百辆大车护送她。喜鹊筑巢在树上，布谷飞来占满它。姑娘就要出嫁了，百辆大车迎娶她。

记忆：这首词同样使用了排比重复句式，维鹊有巢，维鸠×之。之子于归，百两×之。也就是每一行诗仅有两个字不同，因此同样可以化繁为简，记忆第一行之后只要记住后面两行的4个不同的字“方、将、盈、成”即可。

三、绘图法

西江月·夜行黄沙道中

（宋）辛弃疾

明月别枝惊鹊，清风半夜鸣蝉。

稻花香里说丰年，听取蛙声一片。

七八个星天外，两三点雨山前。

旧时茅店社林边，路转溪头忽见。

译文：天边的明月升上了树梢，惊飞了栖息在枝头的喜鹊。清凉的晚风仿佛吹来了远处的蝉叫声。在稻谷的香气里，人们谈论着丰收的年景，耳边传来一阵阵青蛙的叫声（好像在说着丰收年）。天空中轻云飘浮，闪烁的星星时隐时现，山前下起了淅淅沥沥的小雨（诗人急急从小桥过溪想要躲雨），往日，土地庙附近树林旁的茅屋（小店哪里去了），路转过弯，茅店忽然出现在他的眼前。

记忆：这首诗的景物描写非常丰富，意境鲜明，可以直接画出来，顺便锻炼绘画能力。为了提高效率，多采用简笔画，寥寥数笔就可以画完。喜欢绘画的同学可以选择丰富的水彩笔等，看起来更美观漂亮。以下绘图仅供参考，建议自己动手画。

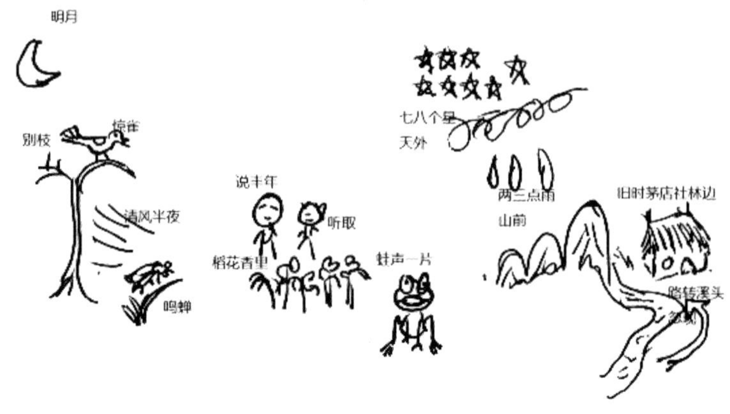

作业

江畔独步寻花

（唐）杜甫

黄四娘家花满蹊，

千朵万朵压枝低。

留连戏蝶时时舞，

自在娇莺恰恰啼。

译文：黄四娘家花儿茂盛得把小路遮蔽，万千花朵压弯枝条离地低又低。眷恋芬芳花间彩蝶时时在飞舞，自由自在娇软黄莺恰恰欢声啼。

四、谐音法

玉楼春·别后不知君远近

（宋）欧阳修

别后不知君远近，触目凄凉多少闷。

渐行渐远渐无书，水阔鱼沉何处问？

夜深风竹敲秋韵，万叶千声皆是恨。

故攲单枕梦中寻，梦又不成灯又烬。

译文：离别后不知你的行程远近，进入眼帘的都是凄凉景象，生出几多烦闷！你越走越远，渐渐断了书信；水面宽阔，鱼儿深藏，到何处去寻问你的音讯？深夜里大风吹得竹林敲击着凉秋的声韵，千万片竹叶千万种声响都充满着怨恨。故意斜倚着单枕想到梦中将你寻觅，可惜梦没有做成，灯芯也化为灰烬。

记忆说明：这首诗以抒情为主，景物的描写相对较少，如果直接根据诗词描写，进行图像记忆，就相对困难。对于已经有上百首诗词记忆基础的朋友来说，直接记忆应该也很快，然而对于记忆量较少的同学来说就比较困难。因此，我们可以对原诗词进行形象转换，一般以谐音为主，转换为图像场景再来记忆就快很多。

记忆转换：鳖后不知君远近，吃木七两多少门。渐行渐远见五叔，水阔鱼沉喝醋闻。夜深风竹敲蚯蚓，万叶千声皆是痕。古鸡单枕梦中寻，梦游不成灯油尽。

记忆讲解：想象《木兰花》下鳖后不知道君子的远近，吃了木头七两坏了多少门。它将行渐远见到五叔，钻进水里鱼吓得沉下去喝了醋闻了闻。夜深风吹倒竹子敲打到蚯蚓，竹子万叶割的蚯蚓千声惨叫皆是伤痕。古老的鸡单枕着做梦寻找蚯蚓，梦游都不成功，灯油都燃尽了。

经过转换之后记忆起来相对容易，但是需要注意一些要点：

◎转换之后严重破坏了原诗词的意境和原意，不符合我们学以致用的原则，好处是练习了转换想象能力，甚至可以模仿出一首不错的打油诗。

◎复原比较麻烦，容易写错别字。因此，在记忆完成后需要进行默写对比，保证回忆出来的每个字都是完全正确的，否则得不偿失。

◎使用谐音转换记忆完成后一定要理解诗词的原意，深入体会意境和表达的含义。

作业

终南别业 / 初至山中

（唐）王维

中岁颇好道，晚家南山陲。
兴来每独往，胜事空自知。
行到水穷处，坐看云起时。
偶然值林叟，谈笑无还期。

译文：中年以后存有较浓的好道之心，直到晚年才安家于终南山边陲。兴趣浓时常常独来独往去游玩，有快乐的事自我欣赏自我陶醉。间或走到水的尽头去寻求源流，间或坐看上升的云雾千变万化。偶然在林间遇见个把乡村父老，偶与他谈笑聊天每每忘了还家。

五、定桩法

溪　居

（唐）柳宗元

久为簪组累，幸此南夷谪。
闲依农圃邻，偶似山林客。
晓耕翻露草，夜榜响溪石。
来往不逢人，长歌楚天碧。

译文：长久被官职所缚不得自由，有幸这次被贬谪来到南夷。闲时常常与农田菜圃为邻，偶然间像个隐居山中的人。清晨我去耕作翻除带露杂草，傍晚乘船沿着溪石哗哗前进。独来独往碰不到那庸俗之辈，仰望楚天的碧空而高歌自娱。

记忆：使用地点桩辅助记忆，对于比较长或者难理解的诗词特别推荐。地点桩的好处是把长篇的内容进行分段记忆，减小每部分的记忆量，记忆起来更加轻松。就像一根火腿肠，一口吞不下去，一节一节地吃就很方便。而不好的地方就是分段之后减少了对整体的把握，因此后续要加强对整首诗词进行上下衔接和理解。使用地点桩的记忆方法有两种。

记忆方案一，比如使用熟悉的桩子：1. 大门，2. 椅子，3. 桌子，4. 电视。直接使用地点桩和每一句进行串联记忆。1.大门下久为簪组累，幸此南夷谪。2.椅子上闲依农圃邻，偶似山林客。3.桌子下晓耕翻露草，夜榜响溪石。4.花瓶边来往不逢人，长歌楚天碧。

记忆方案二，把诗句中抽象或者难以理解的词汇进行形象转换后再和地点桩进行串联记忆。（仅供参考，不推荐使用）1.大门下九尾狐粘住很累，幸得此行往南移折。2.椅子上的线衣里是农家葡萄架上的铃铛，还有藕丝送给山林里的客人。3.桌子下用脚跟踢翻露出来的草，叶子绑向小溪里的石头。4.在花瓶边来往不逢人，长歌出天币。

作业

归园田居（其一）

（东晋）陶渊明

少无适俗韵，性本爱丘山。

误落尘网中，一去三十年。

羁鸟恋旧林，池鱼思故渊。

开荒南野际，守拙归园田。

方宅十余亩，草屋八九间。

榆柳荫后檐，桃李罗堂前。

暧暧远人村，依依墟里烟。

狗吠深巷中，鸡鸣桑树颠。

户庭无尘杂，虚室有余闲。

久在樊笼里，复得返自然。

译文：年少时就没有随俗气韵，自己的天性是热爱自然。偶失足落入了仕途罗网，转眼间离田园已十余年。我愿在南野际开垦荒地，保持着拙朴性归耕田园。绕房宅方圆有十余亩地，还有那茅屋草舍八九间。榆柳树荫盖着房屋后檐，争春的桃与李列满院前。远处的邻村舍依稀可见，村落里飘荡着袅袅炊烟。深巷中传来了几声狗吠，桑树顶有雄鸡不停啼唤。庭院内没有那尘杂干扰，静室里有的是安适悠闲。久困于樊笼里毫无自由，我今日总算又归返林山。

六、导图法

采莲曲

（唐）王昌龄

荷叶罗裙一色裁，芙蓉向脸两边开。

乱入池中看不见，闻歌始觉有人来。

译文：荷叶和罗裙像似同一颜色裁出，荷花向着少女的脸庞在两边盛开。胡乱进入荷叶池中看不见少女，听到歌声才发觉有人过来了。

作者简介：王昌龄（698—757年），字少伯，唐朝时期大臣，著名边塞诗人。高中进士，官至秘书省校书郎。有“诗家夫子”“七绝圣手”之称。

创作背景：这首词相传是王昌龄被贬龙标时的作品，话说当时王昌龄在城外游玩，偶然遇到酋长的公主阿朵在荷池采莲唱歌的情景，触景而作此诗。

快速记忆：先熟读，再使用关键词法，把句首的词语提炼出来：荷叶，芙蓉，乱入，闻歌。再通过词汇的故事串联，想象荷叶上的芙蓉，你乱入其中闻歌始觉有人来。

导图法绘制：完整的思维导图绘制，包括古诗的作者介绍、创作背景、古诗的描写顺序、大意理解、如何快速记忆，还有赏析。这样才真正把握了整首古诗。

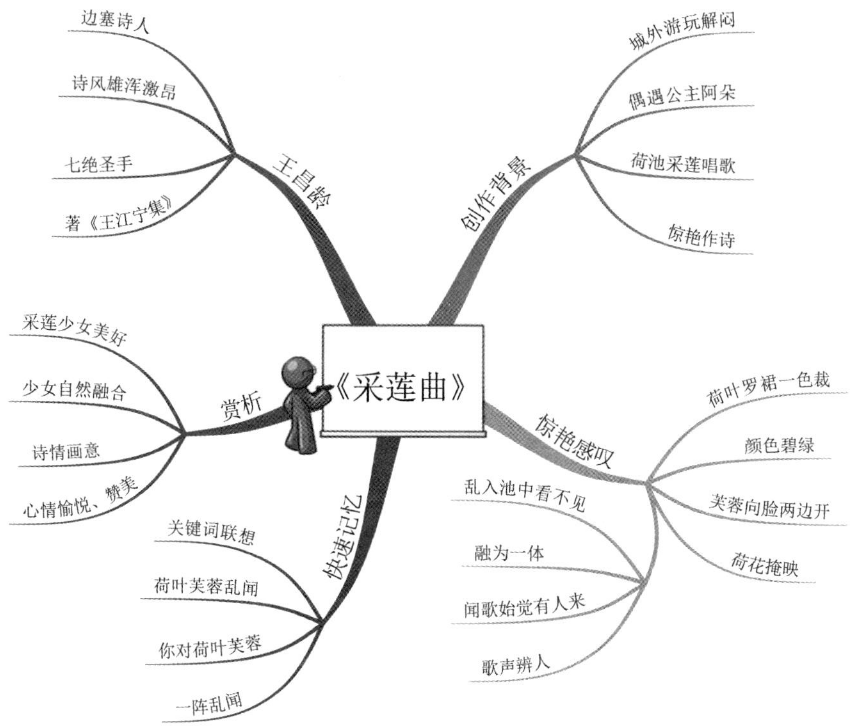

导图法记忆要点：

◎根据诗词的句子数量，确定分支数量；

◎提炼每个句子的关键词，适当地进行图像转换和绘制；

◎看图复原每句诗词，脱离导图背诵下来。

第四节　文章速记的万能方法

记忆文章对于大多数人来说并非难事，然而想要在原有基础上进行提速，就很难想到什么好办法。本节介绍的记忆文章的万能方法，同样适用于古诗词、现代文、文言文、国学经典、英语课文等内容。

从百草园到三味书屋

（鲁迅）

不必说碧绿的菜畦，光滑的石井栏，高大的皂荚树，紫红的桑椹；也不必说鸣蝉在树叶里长吟，肥胖的黄蜂伏在菜花上，轻捷的叫天子（云雀）忽然从草间直窜向云霄里去了。单是周围的短短的泥墙根一带，就有无限趣味。翻开断砖来，有时会遇见蜈蚣；还有斑蝥，倘若用手指按住它的脊梁，便会啪的一声，从后窍喷出一阵烟雾。

万能速记法：

第一步：提取关键词，抄写出来：菜畦，石井栏，皂荚树，桑椹；鸣蝉，黄蜂，叫天子，草间，云霄，泥墙根，断砖，蜈蚣，斑蝥，脊梁，后窍，烟雾。

第二步：只看关键词复原课文的每一句。

第三步：对关键词尽量遵从原文进行故事串联记忆，或者直接不看关键词。

例如本文记忆：按照上述关键词进行串联故事快速记忆，想象自己在故事画面当中。想象自己，从碧绿的菜畦，走过光滑的石井栏，爬上高大的皂荚树，摘下紫红的桑椹；抓住鸣蝉在树叶里长吟，丢下肥胖的黄蜂伏在菜花上，吓到轻捷的叫天子（云雀）忽然从草间直窜向云霄里去了。（接下来仅用关键词简化记忆，再熟读复原全文）跑到一带，翻开断砖，遇见蜈蚣；还有斑蝥，用手指按住它的脊梁，啪的一声，从后窍喷出一阵烟雾。

庐山的云雾

景色秀丽的庐山，有高峰，有幽谷，有瀑布，有溪流，那变幻无常的云雾，更给它增添了几分神秘的色彩。在山上游览，似乎随手就能摸到飘来的云雾。漫步山道，常常会有一种腾云驾雾、飘飘欲仙的感觉。

庐山的云雾千姿百态。那些笼罩在山头的云雾，就像是戴在山顶上的白色绒帽；那些缠绕在半山的云雾，又像是系在山腰间的一条条玉带。云雾弥漫山谷，它是茫茫的大海；云雾遮挡山峰，它又是巨大的天幕。

庐山的云雾瞬息万变。眼前的云雾，刚刚还是随风飘荡的一缕轻烟，转眼间就变成了一泻千里的九天银河；明明是一匹四蹄生风的白马，还没等你完全看清楚，它又变成了漂浮在北冰洋上的一座冰山……

云遮雾罩的庐山，真令人流连忘返。

现代文和各类文章记忆的方法一般有几个要点：

◎首先快速阅读，大概了解文章内容是否具备比较好的图像和场景。比如本文是以云雾为主题，因此情景画面感很强，可以直接通过想象，把首尾的关键词用谐音进行串联记忆即可。

想象自己来到景色秀丽的庐山（都是“有”精简掉），（爬上）高峰，（滚下）幽谷，（被）瀑布冲下溪流，（流向）那变幻无常的云雾，更给它增添了几分神秘的色彩。（踩）在山上游览，似乎随手就能摸到飘来的云雾。漫步山道，常常会有一种腾云驾雾、飘飘欲仙的感觉。……

另外如果文章比较长或者内容都比较抽象，特别是文言文和国学经典等内容，则需要进行适当的形象转换，再用定桩法和想象联想进行记忆。

◎运用思维导图加强理解和记忆。将文章绘制成思维导图，在制作导图的过程加深理解和记忆，适合想象力比较弱的学员。

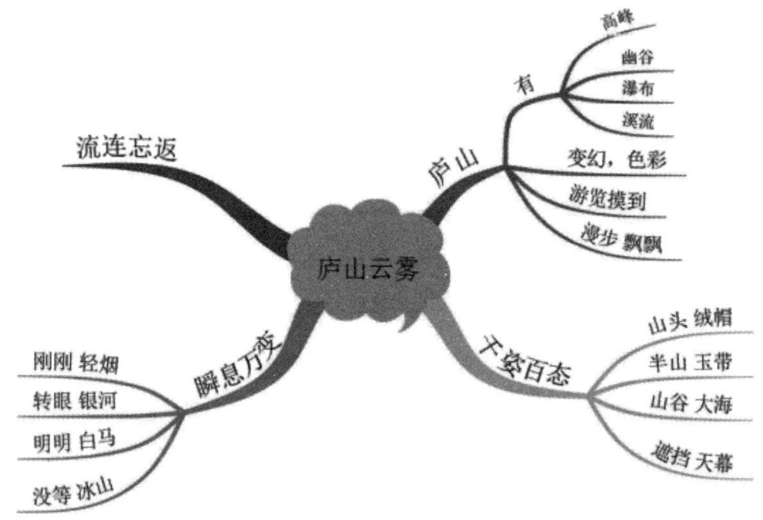

第五节　史地生政的快速记忆

记忆下列历史年代

秦始皇统一中国—前221年

郑和下西洋—1405年

金田起义的时间—1851年1月11日

商鞅变法—前359年

朱元璋建立明朝—1368年

文成公主入藏—641年

戊戌变法—1898年

安源大罢工—1922年9月

赤壁之战—208年

巴黎公社成立—1871年3月18日

珍珠港事件—1941年12月7日

淝水之战—383年

郑成功收复台湾—1662年

黄巾起义—184年

镇南关大捷—1885年3月

甲午中日战争—1894年

清兵入关—1644年

马克思生日—1818年5月5日

联想记忆：

秦始皇统一中国时间—前221年：秦始皇花了很多钱儿（前2）买鳄鱼（21）统一中国。

郑和下西洋—1405年：郑和用一把钥匙（14）打开灵符（05）下西洋。

金田起义时间—1851年1月11日：洪秀全在金田秀拳真有一把武艺（1851）（加后面3个1合计5个1，所以武艺代表51和1851年1月11日合计的5个1）。

商鞅变法—前359年：商鞅变法上前山（前3）打武警（59）。

朱元璋建立明朝—1368年：朱元璋建立明朝，一生牛吧（1368）。

文成公主入藏—641年：文成公主入藏留死鱼（641）。

戊戌变法—1898年：戊戌变法建造了一把酒吧（1898）。

安源大罢工—1922年9月：安源罢工为了药酒个个酒（1922年9月）鬼一样疯狂。

赤壁之战—208年：赤壁之战上恶灵（208）把曹军都烧死了。

巴黎公社成立—1871年3月18日：巴黎公社成立时候，人们在篱笆（18）起义（71），后面用3个篱笆（18）围了起来。

珍珠港事件— 1941年12月7日：珍珠港遭袭，大家医救死鱼（1941）给婴儿（12）去（7）了。

淝水之战—383年：淝水之战大家争夺“肥水”3次爬山（83）打仗。

郑成功收复台湾—1662年：郑成功收复台湾就一溜溜儿（1662）的事儿。

黄巾起义—184年：黄巾起义，一把尸（184）体。

镇南关大捷—1885年3月镇南关大捷后镇上难得关了一把白虎（1885）到山（3）上。

甲午中日战争—1894 年：日本鬼子来甲板上捂了“一把狗屎”（1894）。

清兵入关—1644年：清兵入关杀人，一路死尸（1644）。

马克思生日—1818年5月5日：马克思出生，被一巴掌（18）一巴掌打得呜呜（55）地哭。

大家是不是马上就记住了，联想想象效果这么好，那么如何更好更快地进行想象联想呢？我们在想象联想时要注意下列原则：浮现物象、生动、关己、荒诞夸张。

1.浮现物象

联想时要尽量使联想内容形象化、具体化。说十遍不如看一遍，实践证明，实物教学远比单纯地讲解更易让人理解，并能有助于回忆。同时物象记忆也符合我们的记忆习惯。比如当我说“太阳”这个词时，人们脑海里浮现的很可能不是这两个字，而是明晃晃的或红彤彤的太阳的形象；另外经常联想、经常浮现物象，还有助于开发右脑，从而开发大脑潜能。

2.生动

在浮动物象的同时，要尽可能赋予物体运动的、立体的、多层次的色彩。“电扇”可想成旋转的摇头扇，你站在电扇前享受风扇送来的阵阵凉风，这样加进了自己的切身体验，电扇一词就会印象深刻了。

3.关己

“事不关己，高高挂起。”所以我们在进行联想的时候，要把记忆内容同自己联系起来，要同自己挂钩，往自己身上联想，把自己置身其中。如森林与电话联想时就可想成你自己迷路，在恐怖的大森林里很紧张地打电话，提起森林你就会很容易想到电话了。

4.荒诞夸张

人们对于平淡无奇的事容易忘记，相反对那些荒诞夸张、不合常理的事却经久不忘，甚至终身不忘，如戏传苏小妹戏谑苏东坡脸长的一句诗“去年一点相思泪，今年方流到嘴边”。

想象联想时尽量做到浮现物象、生动、关己和荒诞夸张四点，但并没有先后次序要求，可根据自己的需要安排。刚开始比较慢，可慢慢来。四点中，最重要的是浮现物象，也就是用形象取代文字。

如难以同时做到“浮现物象、生动、关己和荒诞夸张”，可只做到“浮现物象”，也就是说浮现“形象”。浮现物象时，背景应尽量少些，以免喧宾夺主，如浮现“大树”，应尽量不浮现大树以外的形象。

联想的训练方法大致有两种：基础性训练和实战性训练。其中基础性训练分三步：

第一步：先进行一对一的简单词语的训练。

第二步：进行一对一的抽象词语的训练。

第三步：进行多项的、具体词语、抽象词语的混合训练。

例1　两汉散文

司马迁—《史记》：司马前死记

刘向—《战国策》：流向战国车

练习：

贾谊—汉代文赋

班固—《汉书》

例2　魏晋南北朝文学

范晔（yè）—《后汉书》：翻页后汉书

刘勰（xié）—《文心雕龙》：文心雕龙流血

练习：

干宝—《搜神记》

刘义庆—《世说新语》

第六节　考点速记

一、对应联想法

超级记忆法的核心就是想象联想，只不过各个联想的具体方法不一样。因此联想能力的训练至关重要，要多做联想的训练，大家可以结合以后讲的具体技术方法在学中练、在练中学，尽快提高联想能力。

记忆下列知识：

我国境内已知的最早人类是元谋人；

最早懂得人工取火的是山顶洞人；

最早掌握原始灌溉技术是在夏朝；

井田制盛行于西周；

提出“民贵君轻”思想的是孟子；

祖冲之是南朝人；

我国最早的农书是《齐民要术》；

孙思邈的著作是《千金方》；

世界上最早的纸币是“交子”；

《清明上河图》是画家张择端的作品；

《马可波罗行记》描绘的是元朝大都的繁华景象。

联想

最早人类是元谋人：最早的人类是长得猿模（元谋）样的人。

最早懂得人工取火的是山顶洞人：最早懂得人工取火的是一群挤在山顶洞里取暖的原始人，受到石头碰撞所产生的火花的启发而学会的。

最早掌握原始灌溉技术是在夏朝：人们最早掌握原始灌溉技术不过是利用了夏天潮（夏朝）起潮落的丰富水资源而已。

井田制盛行于西周：过去井里的甜水熬制（井田制）的稀粥（西周）香极了。

提出“民贵君轻”思想的是孟子：“民贵君轻”是农民有很猛的儿子把君王轻易就丢了。

我国最早的农书是《齐民要术》：我国最早的农书是北魏杰出的农学家贾思勰所著，所以论“奇民”要数（齐民要术）老贾了。

孙思邈的著作是《千金方》：这千金方才出生，抱孙子的思想很渺茫了。

世界上最早的纸币是“交子”：最早的纸币是交给儿子用胶纸做的。

《清明上河图》是画家张择端的作品：《清明上河图》很脏，还折断（张择端），但仍价值连城。

《马可波罗行记》描绘的是元朝大都的繁华景象：我家马啃菠萝（马可波罗），形迹（行记）可疑，原来吃草吃得大肚（元朝大肚）鼓鼓，渴了，才吃菠萝。

注意：联想完成后，不要总觉得还有更好的联想，从而频繁更换联想内容，这样回忆时容易造成混乱。

一对一联想法的优缺点如下：

优点：简单灵活，方便快捷，短时间内能记忆大量的短小知识。

缺点：应用范围不够广泛，遇到多层次、复杂的记忆对象时往往力不从心。不过总的说来，用一对一联想法来记忆短小精悍的内容非常奏效。

记忆下列各国的首都

蒙古首都乌兰巴托

越南首都河内

老挝首都万象

菲律宾首都马尼拉

希腊首都雅典

意大利首都罗马

西班牙首都马德里

法国首都巴黎

荷兰首都阿姆斯特丹

芬兰首都赫尔辛基

澳大利亚首都堪培拉

瑞典首都斯德哥尔摩

加拿大首都渥太华

下面进行联想：

蒙古首都乌兰巴托：蒙古草原上乌鸦拦爸被托走了（乌兰巴托）。

越南首都河内：越过南方（越南）跳进河内。

老挝首都万象：老窝（老挝）里有万只大象（万象）。

菲律宾首都马尼拉：非礼宾（菲律宾）客，人家当然要骂你啦（马尼拉）。

希腊首都雅典：希拉里（希腊），优雅点菜（雅典）。

意大利首都罗马：一大力（意大利）打死了骡马（罗马）。

西班牙首都马德里：戏班的牙（西班牙）被踢在马的肚子里（马德里）。

法国人把梨（巴黎）都吃光了。

荷兰首都阿姆斯特丹：喝烂（荷兰）醉了，阿母是特别担（阿姆斯特丹）心啊。

芬兰首都赫尔辛基：分难得提高，妈妈贺儿送新机。

澳大利亚首都堪培拉：好大梨呀（澳大利亚）看赔啦（堪培拉）。

瑞典首都斯德哥尔摩：他锐点哥耳朵（瑞典），使得哥耳膜（斯德哥尔摩）破了。

加拿大首都渥太华：我吃饭时夹拿大（加拿大）的肉，可“握太滑”（渥太华）掉了。

注意：想象联想以第一感觉优先才能快速记忆，如果纠结于想要更好的想象就很难提速。

课后作业1

世界最长的城墙——中国万里长城。

世界最古老的东西贸易通道——丝绸之路。

世界围地最大的城墙——明代南京石头城。

世界最高的北回归线标志塔——广东从化北回归标志塔。

世界水稻种植最北的地区——黑龙江呼玛县。

世界最著名的涌潮——钱塘江潮。

世界最大陨石雨和陨石降落地——吉林省。

世界最早的水闸式运河——广西灵渠。

世界最长的运河——京杭大运河。

世界含沙量最大的河流——黄河。

世界海拔最高的河流——雅鲁藏布江。

世界最高的大咸水湖——西藏的纳木错湖。

世界高峰最多的山脉——喜马拉雅山脉。

世界最高的农业种植区——西藏。

世界流动沙丘面积百分比最大的沙漠——塔克拉玛干沙漠。

世界最低的盆地——新疆吐鲁番盆地。

课后作业2

（1）记忆以下朝代的都城：

西汉定都长安

元朝定都大都

东汉定都洛阳

唐朝定都长安

北宋定都东京

南宋定都临安

北宋定都开封

（2）记忆文艺复兴时期代表人物和成就：

但丁的《神曲》

达·芬奇的《最后的晚餐》

莎士比亚的《哈姆雷特》

哥白尼提出太阳中心说

伽利略首次用自制望远镜观察天体

（3）记忆各地质年代出现的物种：

太古代：原始生命出现

元古代：海水中出现藻类原始生物

古生代：蕨类植物繁盛

中生代：爬行动物、鸟类出现

新生代：人类出现

二、标题定桩法

记忆“商鞅变法”的主要内容：废井田，开阡陌；奖励军功；建立县制；奖励耕织。

我们选择标题核心词“商鞅变法”四个字与四条答案要点分别进行联想，就变成了以下形式：

商——废井田，开阡陌

鞅——奖励军功

变——建立县制

法——奖励耕织

联想：

商——废井田，开阡陌：“商”想到“商量”：商鞅变法和农民商量废井田，开阡陌。

鞅——奖励军功：“鞅”想成“央求”：商量不成就央求领导奖励军功。

变——建立县制：“变”想成“变现”：变现出了很多“县制”来限制农民。

法——奖励耕织：“法”想成“想办法”：想办法给农民奖励耕织，以鼓励发展农牧业。

记忆影响利润率的主要因素有：剩余价值率；资本有机构成；资本的周转速度；不变资本的节省。

我们选择“影响利润”四字与之对应联想：

“影 ”与“剩余价值率”：影子是剩余架子里的（剩余价值率）。

“响”与“资本有机构成”：响亮的资本邮寄钩秤（资本有机构成）以增值。

“利”与“资本的周转速度”：获利好的项目，要求资本的周转速度要快，即单位时间内周转越快，获利越大（资本的周转速度）。

“润”与“不变资本的节省”：润滑剂要节省着用才不变质（不变资本的节省）。

在应用标题定桩法时应注意以下几点：

◎“标题”的关键词能体现标题核心，并且字数的个数要与所需记忆的条款数目相等。

◎借助的词句要选用自己所熟悉易记的。如果找的词句连你自己都陌生，也就是说连记忆这些词句本身都成问题，可千万别选用，因为这样的词句很容易忘记，忘记了选用的词句就意味着忘记了答案，这个词句就好比是开门的钥匙，丢了它，你就进不了屋了。

◎联想前要先划出答案中的关键词。有的答案中带有一些叙述性的内容，需要提炼出关键词，再联想记忆。事实上，每个答案的要点中都有“点睛之语”，抓住要害、抓住重点答题才是应试的诀窍！

课后作业

（1）记忆王安石变法的主要内容：保甲法；青苗法；农田水利法；募役法；方田均税法。

（2）记忆会计科目的作用：会计科目是反映资金运动的方法；会计科目是组织会计核算的依据；会计科目是进行会计管理的手段；会计科目是加强国民经济核算的工具。

（3）记忆北欧的挪威、瑞典、芬兰、丹麦、冰岛5国的主要经济产业。

挪威：以渔业、航运、石油为主。

瑞典：木材、纸浆、新闻纸、纤维板的出口居世界前列。

芬兰：森林和水利资源丰富。

丹麦：乳肉牧业和家禽饲养业发达。

冰岛：以渔业为主。

三、关键词归纳法

记忆中日《马关条约》的四项内容：

（1）允许日本在通商口岸开设工厂。

（2）赔偿日本军费白银二亿两。

（3）割辽东半岛、澎湖列岛、台湾岛给日本。

（4）开放苏州、杭州、重庆、沙市为商业城市。

我们把每一项内容进行归纳：

一厂—允许日本在通商口岸开设工厂

二亿—赔偿军费白银二亿两

三岛—割让东湖湾三个岛（东：辽东半岛，湖：澎湖列岛，湾：台湾岛）

四城—在苏杭冲杀的四个城市（苏：苏州，杭：杭州，冲：重庆，杀：沙市）

四、考点速记—人物定桩法

牢记“八荣八耻”

①以热爱祖国为荣，以危害祖国为耻

②以服务人民为荣，以背离人民为耻

③以崇尚科学为荣，以愚昧无知为耻

④以辛勤劳动为荣，以好逸恶劳为耻

⑤以团结互助为荣，以损人利己为耻

⑥以诚实守信为荣，以见利忘义为耻

⑦以遵纪守法为荣，以违法乱纪为耻

⑧以艰苦奋斗为荣，以骄奢淫逸为耻

不是所有知识点都可以直接应用标题定桩记忆，因此我们要使用一些熟悉的人物或者语句来定桩记忆。如本题，“以……为荣，以……为耻”都是一样的，因此我们先化繁为简，提炼关键词，加上人物定桩记忆。本题有8个知识点，因此使用熟悉的8个人物，比如：爷爷，奶奶，爸爸，妈妈，哥哥，姐姐，弟弟，妹妹。

联想：

①爷爷热爱祖国。

②奶奶服务人民。

③爸爸冲上科学实验室（崇尚科学）。

④妈妈辛勤劳动。

⑤（葫芦娃）哥哥团结互助。

⑥姐姐来城市守着信箱（诚实守信）。

⑦弟弟尊鸡受罚（遵纪守法）。

⑧妹妹煎苦瓜奋斗（艰苦奋斗）。

课后作业

请直接串联记忆“八荣八耻”中的“八耻”。

第七节　各类题型速记

一、填空题

《朝花夕拾》原名《______________》，共收入 _____篇作品，四个主要人物是________________________________。

记忆：《朝花夕拾》原名《 旧事重提 》，想象朝花夕拾的事情又拿来旧事重提。共收入10篇作品，四个主要人物是作者的父亲、保姆长妈妈、朋友范爱民、恩师藤野先生（父亲带着保姆长妈妈叫上朋友范爱民，去打恩师藤野先生）。

二、单选题

以下成语正确的是（　　）。

A.关怀备致　　B.关怀倍至　　C.关怀备至　　D.关怀倍致

单选题只要对选项能够区分，对正确选项和题目进行正确串联记忆，一般都比较容易。本题的核心区分在于："备"和"倍"以及"至"和"致"，因此核心是区分这两个区别。我们知道正确答案是C，因此记忆"关"想到关羽，"备"想到刘备，关羽对刘备关怀是至高无上的，因此记忆了"至"。

以下属于鲁迅作品的是（　　）。

A.《社戏》　　B.《故乡》　　C.《野草》　　D.《欢乐》

这道题目需要记忆鲁迅的作品有哪些，利用排除法来找到答案。

鲁迅主要有以下作品：《鲁迅自传》《社戏》《风筝》《从百草园到三味书屋》《故乡》《阿长与山海经》《伪自由书》《孔乙己》《药》《藤野先生》《阿Q正传》《野草》《朝花夕拾》《端午节》《狂人日记》《呐喊》《明天》《孤独者》《高老夫子》《兔和猫》。

那么如何记忆如此大量的作品呢？很简单，用故事串联法即可。

《鲁迅自传》来到《社戏》放《风筝》，一直《从百草园到三味书屋》。回到《故乡》遇见《阿长与山海经》拿了《伪自由书》给《孔乙己》，去取《药》给《藤野先生》，发现《阿Q正传》钻进《野草》，在《朝花夕拾》过《端午节》。节日一片《狂人日记》开始《呐喊》，到《明天》成了《孤独者》，孤独的是《高老夫子》以及他的《兔和猫》。

通过上述的故事串联之后是不是记忆非常牢固，一个作品也不会落下？同理选项 D《欢乐》是莫言的代表作，莫言的代表作有以下作品，《酒国》《丰乳肥臀》《蛙》《红高粱》《檀香刑》《生死疲劳》《天堂蒜薹之歌》《欢乐》《四十一炮》《白狗秋千架》，请大家用同样的方法来快速记忆。

三、多选题

简述市场经济的一般特征是（　　）。

A.平等性　　B.竞争性　　C.法制性　　D.开放性

记忆：本题直接简化后进行谐音串联记忆即为：平静花开。

简述《辛丑条约》的时间和内容。

1901年9月7日与英国、法国、德国、沙俄、美国、日本、意大利、奥匈帝国（今奥地利和匈牙利）八国联军签订《辛丑条约》，条约主要内容如下：

①清政府赔款白银4.5亿两；

②要求清政府严禁人民反帝；

③允许外国驻兵于中国铁路沿线；

④划定北京东郊民巷为“使馆界”，允许各国驻兵保护。

记忆：本题记忆量比较大，需要对记忆法进行综合应用。

首先时间进行谐音转换：1901年9月7日：一旧灵衣，一身酒气。

接着八国联军调整顺序谐音记忆：俄、德、法、美、日、奥、意、英。谐音转化为：饿的话每日熬一鹰。

最后是4个条约内容，使用简化串联，归纳为四个字：钱、禁、兵、馆（前进宾馆）。

钱：赔款白银4.5亿两；

禁：严禁人民反帝；

兵：驻兵于中国铁路沿线；

馆：北京东郊民巷为“使馆界”；

最后记忆整个答案就是：辛苦的小丑（辛丑）穿着一旧灵衣、一身酒气，到前进宾馆，饿的话每日熬一鹰。

第八章　快速扑克记忆

我们对最强大脑印象特别深刻的估计就是“快速扑克”这个项目了，因为它多次出现在节目里面。

为什么要把扑克训练作为重点?

◎数字谁都能记，但是扑克牌没有方法就很难，所以展示起来比较神奇，特别是能够在短时间内记完，就非常具有震撼力，关键是可以大大地提升自信，从无到有，从有到强，这个进步过程是十分激动人心的。

◎老少皆宜，扑克牌因为有东西在手上推比较好玩，不至于训练数字，看得人头昏眼花的，很难坚持。

◎推牌时候，大脑跟着手指运动在记忆，比较容易集中注意力，记忆效果更好，数字记着记着可能就分心了，或者不小心都睡着了!

◎快速扑克和马拉松扑克占据了记忆大师标准的两个席位，显得特别重要，而且扑克水平上来了，其他所有项目也会跟着上来。

◎快速扑克确实比较适合做展示，所以很多电视节目都喜欢这样的表演，报社记者采访时也经常会报道这个项目。如果你百度搜索一下，大部分记忆大师拿到证书时都会有当地媒体的采访报道，而且肯定都会说到扑克牌，或者直接让记忆大师现场展示扑克记忆，然后录制播出。

◎快速扑克有些成人可以达到15秒左右，而小孩子在10秒左右的比较多，因为小孩天生图像感比较好，进步快，甚至像李俊慧这种0.5秒的也有几个。

第一节　扑克编码

我们首先要对扑克牌进行编码，最简单的方式就是直接转换为我们熟悉的数字编码，转换形式也很容易理解。

一、A、2、3到10的编码

首先对花色先进行转换。

黑桃是一个尖角，所以编码为1。

红桃是一个心形，两个瓣，所以编码为2。

梅花是一朵花，三个花瓣，所以编码为3。

方块是一个菱形，四个角，所以编码为4。

我们把花色编码放在十位数，即以10、20、30、40开头，所以：

黑桃10直接对应数字10。

红桃10直接对应数字20。

梅花10直接对应数字30。

方块10直接对应数字40。

黑桃A直接对应数字11。

红桃A直接对应数字21。

梅花A直接对应数字31。

方块A直接对应数字41。

以此类推：

黑桃9直接对应数字19。

红桃9直接对应数字29。

梅花9直接对应数字39。

方块9直接对应数字49。

二、人物牌12张的编码

对带人物的12张牌进行编码，这次反过来，我们把花色当成是个位数的1，2，3，4。

J看起来像钩子就是5，所以花色J对应从50开始。

黑桃J对应51。

红桃J对应52。

梅花J对应53。

方块J对应54。

Q看起来像6，所以花色Q对应为61，62，63，64。

K看起来像一挺机关枪，定义为7，所以花色K对应为71，72，73，74。

具体编码对应如下表。

扑克编码规则	♠ 黑桃	♥ 红桃	♣ 梅花	♦ 方块
A	11	21	31	41
2	12	22	32	42
3	13	23	33	43
4	14	24	34	44
5	15	25	35	45
6	16	26	36	46

续表

扑克编码规则	黑桃	红桃	梅花	方块
7	17	27	37	47
8	18	28	38	48
9	19	29	39	49
10	10	20	30	40
J	51	52	53	54
Q	61	62	63	64
K	71	72	73	74

三、扑克牌编码Q&A

有些训练过扑克牌的朋友可能有以下疑问：

Q1 是否可以把扑克牌另外创造一套和数字不一样的编码？

答：如果你时间是可以自己去重新编一套编码慢慢练，但是我们并不建议这样做，因为超级浪费时间，定义区别于100个数字编码本身就非常费时间，更何况还要去找合适的图片来记忆，熟悉起来也是费力费时。我们用同一套编码，扑克牌水平提高了，数字水平也就同步提高了，可以大大地节约时间，提高效率。

Q2 是否可以把人物牌直接编码为特别人物，如猪八戒、孙悟空等？

答：理论上是可以的，但是作为专业选手来说并不建议，因为人物本身都很像，都是一个嘴巴两只眼的，速度快了就容易混淆。

Q3 是否可以把人物牌编码为黑桃A到10不一样的其他任意数字编码？比如红桃Q，简称红Q，谐音红球，编码到我的79气球。

答：这个当然可以，其实只要你愿意，扑克牌可以编码到你任意的100位数字编码里面，你觉得舒适，图像反应快就行。

Q4 由于黑桃A到9对应11到19，而J，Q，K顺其自然对应到11，12，13。所以我对应人物牌就直接加上40，也就是黑桃J，Q，K对应到51，52，53，红桃A

到9对应21到29，所以红桃J，Q，K对应到61，62，63；同样的梅花J，Q，K 对应到71，72，73，这样是否可以？

答：这个是可以的，运用自己熟悉的方式，只要转换在100位数字编码里面，都是比较好的。

第二节　设定目标，制订计划

记忆扑克牌，正常为每天3小时，30天左右达到2分钟记忆一副扑克牌全对，然后分解到每一天要进步多少。

比如每天晚上19：30开始训练3小时，到22：30结束。到了19：30就要准时开始（每天就该提前把其他事情搞完，或者安排到其他时间），这个时候无论什么事情都应该放下。第一天训练记牌：一共记忆了3副牌，最快的是12 分钟。那么第二天就订目标记5副牌，最快要快于11分钟，就这样每天定时定量，每天加量完成。把目标和计划写在一张卡片上，贴在正对着自己训练的桌面或者墙上，随时看得见，这个就是把目标进行视觉化，时刻提醒自己训练和进步。我一直有一个人生格言就是：每天进步1%。

每天按照目标和计划按时开始和完成，从数量上和质量上都能够做好，数量就是每天的训练量，质量就是训练的效果和成绩。完成了就在目标卡上打个勾，连续集满5个勾就奖励自己看场电影或者出去玩；当天没有按时开始或者完成就加倍努力，还要惩罚做俯卧撑或者云板等。这个奖惩方式很简单，主要是为了激励自己坚持下去，就像玩那些快跑游戏一样，如果单纯地在跑道上跑，玩一会儿你就无聊不想玩了。但是跑道上面设置了障碍，有能量丸和物品收集补充，提升战斗力等，还能够闯关升级， 这才能够激发你一直很兴奋地“勇攀高峰”。

以上准备及行动做好之后，其实收获的不只是训练的完成或者能在多少时间内记完一副扑克牌，更多的是你对自己的时间管理、目标管理、计划的管理，能够养成这样的一个良好习惯，那么在未来的竞争中，一定是处于优势位置的。目标就像你播下的种子，想要丰收，还需要一段时间的辛勤耕种。

第三节　世界脑力锦标赛中快速扑克的计分规则

目标：尽量以最短的时间记忆一副52张的扑克牌。

项目	城市赛	中国赛	世界赛
记忆时间	≤ 5 分钟	≤ 5 分钟	≤ 5 分钟
回忆时间	5 分钟	5 分钟	5 分钟

注：有两次比赛机会，每次的牌均不一样，取成绩优秀的一轮。

一、记忆部分

◎选手使用自备的四副扑克牌（组委会另有指定的除外），选手必须保证每副牌为52张，除去大小王。用于记忆的两副要提前打乱，另外两副用于回忆，摆牌的可以按照选手喜欢的顺序排列好。

◎扑克牌必须要用盒子装好，贴上标签，并用橡皮圈绑好。每张标签上都应包括选手姓名，第几轮，是记忆用还是回忆用的扑克牌。比如某某某，第1轮，记忆；某某某，第1轮，回忆等。

◎四副扑克牌要用结实的袋子装好，在赛场报到处交给裁判保管。袋子上也要贴上标签，写上姓名、电话。

◎对于能在5分钟内记下一副完整扑克牌的选手，必须自备组委会认可品牌的魔法计时器。同时，组委会会安排一个裁判员检查计时器，监督选手整个快速扑克的记忆和回忆过程。

二、回忆部分

◎记忆完成后，裁判把选手回忆的扑克牌放在选手面前。只有当主裁判喊

“开始”后，选手才可以回忆摆牌。

◎选手需将第二副扑克牌排列成已记忆的扑克牌的顺序。

◎当5分钟回忆时间到，选手必须停止摆牌。

三、计分方法

◎裁判会按照和选手在记忆之前约定的顺序，从选手记忆的第一张开始对牌。两副扑克牌逐张比较，当出现不一样，即错误时，对牌停止。裁判在答题卡上记录选手正确的牌数。后面的扑克牌对多少张、错多少张都不计入成绩。

◎在最短的时间内准确地记下52张扑克牌的选手为冠军。

◎如果选手正确的扑克牌数少于52张，其记忆时间统一记录为5分钟，即300 秒，而所得分数为c/52 分，其中c 是正确回忆的扑克牌数目。

◎选手最终成绩为两轮中最佳成绩。

我对以上规则进行了部分精简介绍，其实只要记得快速扑克的关键就是：在5分钟内用最短的时间记完一整副打乱的扑克牌，然后在接下来的5分钟内能够完全正确地复原出来。

由于2014年之前该项目设定为1000分，只要25秒就可以达到，但是近几年25秒的成绩多次被打破，目前世界纪录是13.96秒，因此2016年开始重新设定的1000分标准是19.8秒。

2015年开始，多个比赛项目的世界纪录被多人打破，因此对很多项目分数的计算基数都进行了提高，也就是想取得高分越来越难，记忆大师的门槛也越来越高，所以很多想参赛拿世界记忆大师称号的一定要趁早。什么时候开始都不晚，晚的是你总是不敢开始！

特别强调，所有项目都要求准为第一，比如快扑只要出现错误，分数几乎可以忽略不计了，就像最强大脑的主持人蒋昌建对李俊慧说的：“只要有一张牌出错就算挑战失败。”所以在记忆中，最重要是准，其次是牢，最后才是快。

假如记的是错误的，那么记忆再多也是徒劳，假如记得不牢，记下来一会儿就忘记了，也没有多大意义。在记得准、记得牢的前提下，只要多训练，就一定能够把速度提升上来，速度只是时间问题，当然和训练方法也有很大关系，接下来我们就重点讲解扑克记忆该如何训练。

第四节　扑克记忆如何训练

一、读牌

即看到一张图大脑马上出图。

◎读牌不要出声，可以在大脑里面默读。

◎慢速读牌。慢速就是读牌时出图要反应出图像整体、特征甚至颜色，不是只知道扑克对应的是什么编码名字，一定要完整的图像，图像尽量清晰，甚至带入五感，速度相对比较慢。

◎快速读牌。提速的关键在于加快推牌速度，推牌速度稍快于大脑图像反应速度，只要出现完整的编码图像即可，甚至到后期只要出现编码一闪而过的影像就可以了。

◎对于图像反应慢的牌筛选出来单独强化，如果某种扑克牌出图慢会严重影响记忆的效率和效果。在记忆时匀速非常关键，如果一下子快，一下子慢，大脑可受不了这样的刺激，会很混乱，难以记忆，这也是为什么王峰在记牌时头部也在同步上下运动，是带入和保持这种节奏。

◎将慢速读牌和快速读牌每天都结合训练，建议慢读2次快读1次，比较准确率优先，图像的清晰是准确的前提。

二、连接

即对任意两张牌的图像进行两两接触，出现两位一体的画面。我们对任意两张牌做连接的时候把前面这张牌称为主动，后面那张牌称为被动。主动顾名思义就是主动出击，被动就是被动挨打的。所以连接其实很简单，就是主动出击被动即可。

◎一定是两张牌的编码图像两两接触在一起，最后定格两位一体画面，就是两个图像同时出现在脑海当中。

◎开始训练时可以尝试多种方案连接，选择记忆最牢固、感觉最好的一种方式固定下来。比如2132做连接，可以：鳄鱼咬住仙鹤；鳄鱼踩住仙鹤；鳄鱼压住仙鹤；鳄鱼尾巴甩打仙鹤；鳄鱼抱住仙鹤；……

这样多做连接接触的方式主要是为了发挥想象力，多维度思考，由于每个人都有自己的思维局限性，所以这一步训练可以每三五个为一组进行分组讨论，对每个连接每人发挥想象提供连接方案，也可以把感觉不好连接的或连接比较好的拿出来一起讨论分享。如果你确实想不到如何连接，那就和多米诺骨牌一样倒下来压着就行，这个是最简单也是最快捷有效的方式。

对于初学者来说，连接更多的是需要靠动作才能够记得住，刚开始是可以的，当练习多了之后，只要能固定住两位一体的画面，后期就不需要动作了。当然，如果能够一开始就不需要动作，直接放在一起接触就能够记得，那样是最好的，如果能够直接摆在一起就记得的话，那么第二步这个连接甚至可以不用训练了，因为动作记忆存在以下问题：很容易分散你的注意力到动作上而忽略了图像，导致图像印象不深刻，而且很多两两连接动作是类似的，靠动作记忆，容易混淆。

记忆时候动作太快，图像就容易模糊，导致记忆时候感觉记住了，但是回忆起来却因为图像太模糊容易混淆类似的图像，或者已经没有图像感了，很容易出错。就像我们平时开车一样，速度越快，路边的树木就变形了甚至只有一点模糊的影像，根本看不出来那是什么东西。因此叨叨魏在最强大脑上面也经常说到，记忆的速度和准确度是成反比的，王峰也说在速度进入20秒以内自己都无法控制了，没有谁能够保证准确。

◎读牌和连接都可以加上五官和内心的感受。比如：21鳄鱼咬很可怕或者血腥的心理感受；57飞机引擎轰隆巨响的听觉感受；50煤球烧红很烫很热的触觉感受；33闪闪发亮，快亮瞎眼睛的视觉感受；46石榴吃起来甜甜的味觉；60榴莲闻起来味道很重的嗅觉感位。

很多人在训练过程中出现问题时问那些大师，很多大师都会说多感受编码，但是从来不会告诉你如何感受，其实就是跟上述举例一样加入你的五官和内心感觉，把自己和编码融入在一起，这样对编码的应用会更加得心应手。当然不是每个编码都需要有这么多强烈的感受，记忆的核心是图像，只要图像整体清晰完整，一般记忆效果都不会差，只是多带入一些记忆点，对于回忆就有更大的优势。

◎注意连接摆放的顺序，这个是最容易出现的错误，也是最严重的错误，假如某张牌忘记了，一共就52张，剩下的几张可以推算出来，但是顺序错了，整副牌就全错了，而且自己还不知道。一般我们以左右或者上下来区分顺序，前面那张牌的图像固定放在左边或者上面，后面那张牌固定放在右边或者下面，通过这个空间顺序来区分就可以了。

◎连接一副牌结束之后进行检测，由于检测很费时间，因此一般连接3副牌检测一次即可，检测时候看第一张牌，看是否能够想起第二张，看第三张牌能否想起第四张牌，依次这样检测直到结束。把想不起来或者错误的牌记录下来，思考错误原因，是图像不清晰，还是接触不好，或者受到前摄倒摄抑制影响。连接有26组，检测结果正确数低于20组，那么表明你的连接存在很大问题，需要找到原因；如果技术方面没有问题，还有一种情况就是你的图像感确实比较差，可以考虑连接半副牌即13组就开始进行检测。正确率保证在90%以上最好。

三、记牌

记牌简单来说就是使用记忆宫殿，一个地点桩记忆两张扑克牌是最广泛使用的方法。前面的读牌和连接训练是基础，如果基础不好，那么记忆效果肯定也不好。记忆开始前有些必要的准备：

◎初学者准备好3~5套记忆宫殿，每套26~30个地点桩，这几套宫殿一定要非常熟悉，最好能够在30秒内过完每套桩子的图像。

◎记忆开始前做下深呼吸，还可以通过橘子集中法集中注意力。橘子集中法步骤如下：想象你的手上有一个橘子，你要感觉到它的重量、颜色、触感和气味。想象你抛起它，用另一只手接住，然后再丢回原来那只手，就像丢沙包一样，让它在两手之间来来去去。接着用你写字的手，把橘子拿到距离后脑勺上方15~20厘米的地方，用手轻触那一带的空间。接着把手放下，放松肩膀，想象橘子还留在那里。那是个有魔力的橘子，它会停留在你搁置的地方。慢慢闭上眼睛，和后脑勺上方的橘子取得均衡。这时你要感觉到身体和精神状态的变化。你在放松的同时，精神也会非常集中。保持精神集中的放松状态，相信自己看过了就记得了。

◎可以先读几副牌，感觉出图很顺畅就可以开始记忆了。

我们以一张桌子为地点，记忆黑桃6和红桃3，对应数字就是1623来举例。记牌方式主要有3种，我们分别做详细解释和优劣的说明。

地点+主动+被动

大脑先出现地点，然后地点和主动接触再连接被动。记忆1623就是桌子上一个杨柳倒下来压到和尚，结果是桌子上有杨柳压着和尚，和尚趴在地上的画面，最先出图的是地点桩的样子，然后才是杨柳、和尚。

优点：直接使用熟悉的地点桩作为引导去记忆比较顺畅。

缺点：由于地点和主动先接触再接触被动，如果没有固定好三位一体的画面，就容易导致被动脱离地点桩，没有和地点接触而出现遗忘。

主动+地点+被动

大脑先出前面那张牌的图像在地点上，再和后面那张牌连接，记忆1623就是杨柳在桌上倒下来压倒和尚，结果和前面是一样的，只是出图的顺序不一样而已，最先出图的是杨柳，接着是地点，最后是和尚。

优点：主动和被动都能够感受到和地点接触。

缺点：主动和被动容易脱离，由于主动先接触地点再接触被动，这样主被动隔着地点容易脱离。

主动+被动+地点

大脑先出现前面牌的图像和后面那张牌连接。记忆1623就是杨柳倒下来压倒和尚在桌上。结果和前面也是一样的，只是最先出图的是杨柳，接着是和尚，最后才是地点桩。

优点：主动和被动在前期做了很多连接，所以直接按照前面练习的连接出来的两位一体画面直接放地点上记忆，显得很自然。

缺点：主动和地点桩脱离，容易导致主动的遗忘，所以要特别注意定格三位一体画面，或者能感受到主动和地点的接触最好。

不管你使用哪种记牌方式都是可以的，因为结果是一样的，最终目的是要固定住结果，即最终的三位一体的整体画面。

要注意的是每个人只能选择一种记忆方式一直训练下去，只要在训练时注意发挥该种记忆方式的优点、避免缺点即可。一定不要换来换去，否则会导致自己很凌乱，而且容易出现顺序错误，我曾经就发生过这样的问题。我原来一直是以第一种记忆方式，由于自学的很多错误，导致准确率不高，后来改用第3种方案，导致有段时间很混乱，完全无法记忆，错误的特别多，所以你们一定保持一个记忆方式就好，这种记忆方式可以运用到每一个项目当中。

每种记忆方式都有优劣，适合自己的就是最好的，不需要羡慕别人是怎么样记忆的，关键在于扬长避短。练习到最后，速度快的时候就直接出现最终结果的那个画面了，没有动作也没有两两接触过程，只有最终结果的整体画面就记住了，而且速度非常快。当然如果有人在一开始训练记忆时就可以不需要动作和接触过程，那样效果是最好的。

当然还有很多选手是在一个地点记忆3张扑克牌的，特别是国外的选手如多米尼克、Alex等世界冠军，但其实核心是一样的，比如地点是桌子，记忆132532，就是桌子上有个医生拿着二胡打仙鹤，基本就是“地点+人物+工具+物品”这样的记忆方式，这里不多阐述。

四、复牌

复牌就是拿另一副完整的扑克牌按照记忆的那副牌完全一样的顺序复原出来。

◎提前把要复牌这副牌按A~K的顺序分别把4个花色分开，和新买的时候一样的顺序摆好。

◎复牌时候从左到右一刷就把整副牌摊开，这样拣出来才快，如下图。

◎复牌时某个位置或者哪张牌不确定的，先空着，把后面能回忆起来，确定准确的先复原好，剩下的几张牌再依次回忆和确认位置。

◎复牌完成后在规定时间内可以反复检查，确保准确无误。对于少数不确定的，建议相信第一感觉，大部分情况下，第一感觉对的概率大一些。

五、核对和计分

裁判会按照和选手在记忆之前约定的顺序，从选手记忆的第一张开始对牌。两副扑克牌逐张比较，当出现不一样，即错误时，对牌停止。

◎注意这个“之前约定的顺序”，就是赛前选手必须告知裁判从哪一张扑克牌开始记忆，即从面到底还是从底到面。一旦确定，不可在对牌的时候改变。裁判将根据之前约定的顺序对牌算分，就是确定从第一张开始核对，还是从最后一张开始核对。

不过2015年的规则比较灵活，不需要约定，选手可以根据自己的记忆情况及有把握正确率最多的方式来选择是从第一张或者最后一张开始核对。

鉴于比赛规则每年可能有一定变化，注意根据比赛现场制订的规则为准。

◎分数计算公式为：9386/（时间的0.75次方），即 $\frac{9386}{\text{时间}^{0.75}}$，注意时间单位是秒。在52张全对的情况下，满分为19.8秒；出现错误则时间统一计算为5分钟，即300秒，把300代入上述公式得出的分数为130分之后再乘以c/52 分，其中c 是正确回忆的扑克牌数目，如果c为30，那么最后分数就是75分。这个分数几乎可以忽略不计了。

六、记录和总结改进

训练一定要准备一个笔记本来记录，除了定时定量的记录，还有就是每天的训练情况和总结。

◎记录训练开始时间和结束时间。

◎记录训练情况，特别是出现错误的情况，一定要思考是什么原因，找到问题并解决，如果错误不解决，那么练习越多反而错误越严重，就得不偿失了。

（1）图像不清晰

改进：加强图像活化和放大缩小训练

（2）地点上空或者第一张牌想不起来

改进1：地点没有特征，改造出特征或者更换地点。

改进2：第一张牌图像不清晰，加强活化。

（3）第二张牌想不起来

改进1：第一张牌对第二张牌的接触不好，没有固定最后融合的三位一体的图像。

改进2：第二张牌过得太快，没有出图，或者整体图像不清晰。

改进3：后面的图像没有和地点接触，脱离地点。

后记

记忆力是所有学习的基础，任何一种快速记忆的方法都不会离开“想象”和“联想”。只有想象和联想能力上来了，再加上多种方法的融会贯通，才能达到方法和能力的“迁移应用”，学以致用才是记忆法最重要的一方面。

然而，要做到学以致用，核心关键在于：

练习，练习，练习……

进步，进步，进步……

每天都在练习，每天都在进步，每天都在应用，每天都变得更加熟练，每天都在挑战自己的极限，每天都在突破和成长。

希望所有学习本书的朋友们：“好好练习， 天天向上”。每天进步一点，一年就有37.8倍的提升。

最后，相信你一定可以

学以致用，用以助学！

学有所用、学有所成！